金藝求精，璀璨今生

見證臺灣珠寶史及東龍珠創業傳奇

張芳榮◎著

纖纖玉指閃亮珠寶，
讓絕代佳人更加美麗無雙；
凝脂肌膚璀璨金飾，
眾家君子無不拜倒裙下。

為何珠寶的魅力令人無法抗拒？
為何所有的首飾、文具、器皿，
只要有了珠寶加持，就能瞬間價值非凡，
成為名器？

來自地底深邃的神祕原石，
中間經過怎樣的淬鍊，
有著多少師傅的技藝？
最終來到你的手中，
成為傳家的珍藏？

東龍珠珠寶將推出系列書系，
讓大家一起來認識珠寶。
首先，就從認識東龍珠珠寶開始……

積極培養珠寶專業設計工藝的種子

東龍珠珠寶集團 D.L.J. 二十多年來，在創辦人張芳榮董事長秉持一條龍方式經營，以「Brilliantia」本土珠寶品牌，穩坐臺灣珠寶龍頭，打造出臺灣之光，讓人崇拜欽佩。

張董事長為人謙和、熱愛鄉里，他總是熱心公益、貢獻教育，在新北市鶯歌區各級學校活動中，經常看到張董事長的熱情與影子，他憑藉著企業回饋鶯歌故鄉的一份情，贊助學校各項教育活動，捐贈學子獎助學金……等等，跑透透默默行善的義舉，讓人印象深刻。

近年來，東龍珠珠寶集團致力於教育扎根大計，由張董事長親自督軍的金藝求精計畫，特別與鶯歌國中及鶯歌工商產學合作，精心規畫一系列珠寶飾品設計金工培訓專班及營隊，由東龍珠資深專業金工師傅團隊親自教授，免費提供給

鶯歌地區國中與鶯歌工商在地學子們學習的機會。目的在提昇學子對珠寶產業鏈之認識，瞭解貴金屬材料與各類寶石之特性，作為珠寶金工設計之職前基礎教育。

此外，透過珠寶專業技職訓練課程，師傅們教授珠寶金工專門執業技術，建立確實「工具、工序、工法、工藝」之概念，培育學子們具備貴金屬加工技術及寶石鑲嵌技法，未來能成為珠寶金銀細工專業技術人才。

東龍珠珠寶集團對國、高中生推動珠寶金工專業人才培育扎根計畫，從國、高中學生對珠寶飾品職業的探索，積極培養臺灣珠寶專業設計的工藝種子，實為新北市唯一，更是全國首創。

張董事長對於國家技職人才培育功績卓著，實為技職產學策略聯盟最佳的典範與楷模，期盼有朝一日讓臺灣成為世界珠寶重鎮，也是大家努力的目標。

欣聞張董事長新書出版，除介紹東龍珠珠寶集團創業歷程及深耕教育理念外，張董事長無私分享成功經營管理哲學與「五加一」職涯學，專業分享許多從珠寶原石淬鍊成消費

者手中的珍寶過程，亦引領以消費者角度接觸珠寶，人人可
以訂製自己的珠寶設計……等單元，內容相當精采，值得推
薦與收藏。

一心無私、只為傳承

中華寶石協會榮譽理事長／林嵩山

我與東龍珠珠寶集團創辦人張芳榮先生是 20 多年的好友，很高興看見東龍珠珠寶集團在張董事長 20 餘年的經營下，現在已成為臺灣最大的珠寶精品金工設計中心及代工工廠，旗下品牌有「Brilliantia」（鉑禮恩蒂、彩鑽品牌、藝術輕時尚品牌、銀世界）……等，並行銷全世界 28 個國家與地區。

1996 年初，我帶領張董事長至中國地質大學（武漢）珠寶學院做短期的珠寶鑑定學習，啟發了張董事長對珠寶相關技術的熱愛與研究。這麼多年來，東龍珠珠寶集團除了快速茁壯成長以外，更在張董事長的帶領下，熱心公益並參與了多項大型的愛心活動。

張董事長深知臺灣的珠寶產業已面臨嚴峻的對手競爭，

以及中國大陸的新興市場崛起，為了讓臺灣優良的金工設計延續並立足於國際競爭中，知道金工教育是百年大計，為傳承臺灣的優良金工，便展開了從學校的基礎金工教育合作，並提供畢業後就業的出路，為造就臺灣的金工人才而努力。

　　本書是張芳榮董事長二十多年來的珠寶經營及金工技術的經驗祕笈。「一心無私、只為傳承」，本書將漂亮的寶石原石經過切割、研磨、設計、鑲嵌……一系列加工過程而成就了瑰麗的珠寶，筆者為這套書籍出版而感到高興，臺灣的金工業傳承延續，將由張董事長的揭筆起義而創新革命。

順他人之心，如他人之意

臺師大教授兼表演所所長暨【國際時尚】GF-EMBA 執行長／夏學理

第一次見到芳榮，是 2016 年初在國立臺灣師範大學國際時尚高階管理碩士專班（GF-EMBA）的口試教室內，依稀記得，當時聽他簡單闡述了他的人生經歷和未來夢想，覺得對於一位以藝術時尚為職志的精品珠寶經營者而言，芳榮的人生經歷是獨特且傳奇的，更難想像他現在還兼任財團法人新北市東陽宮的副董事長（廟公）。

每個人都有一個夢、一份愛

今（2017）年 4 月以來，因為芳榮如願成為了臺師大GF-EMBA 的研究生，同時獲選擔任該班班代，讓我有機會去感受，以「幸福天使」為 LINE 稱號的芳榮，是個善良且充滿愛的人。誠如本書所述，芳榮用愛的方式去了解客戶需

求，用善良的真心去面對周遭的人事物。芳榮對客戶如此，對員工同仁亦是如此，堅持凡事說理講道，一切順心順意而為。芳榮認為，順他人之心，如他人之意，是為商的哲理。他的經商哲理的中心就是「商道」，認定誠信為商之根，而商道為之本。

從本書的文字脈絡可續以得知，芳榮的基本人生態度，是答應別人的事一定盡力完成，讓自己言而有信。的確，一位真正成功的事業經營者，不在其商場上的多少成就，不在其年營業額有多龐大的金額，而在於他的企業為這個社會、為這個國家付出了多少，留下了什麼樣的傳承。

東龍珠珠寶集團 D.L.J. 堪稱為「臺灣的珠寶之光」！依芳榮自述：二十多年來，芳榮以「誠信」二字開疆闢土，奮鬥不懈。無論其創業過程是多麼艱難，芳榮總在成就事業發展的同時，著力於人才的養成培育。

從國中性向試探課程的安排，到鶯歌工商職校的精品金工技職教育接續，繼而連結大專大學的高階精品金工創新的設計工藝，完整鏈結了技職教育體系。

在經過多年的實戰商業經驗後，芳榮於今日結合精品金工技藝，開始「著書立說」。本書結合了芳榮的人生管理哲學與一生的珠寶專業經驗，從珠寶精品設計、創新、製作、行銷、管理方式等，希望能透過淺顯易懂的筆觸，讓喜好珠寶的人士，能夠在了解珠寶經營的信念與管理後，促進新一代的珠寶業者更具競爭力，更能國際化、品牌化，一起讓臺灣成為「世界珠寶精品工藝的製造中心」，進而帶動臺灣的轉變，成為新一代創新的「世界技能中心」。

為兩岸珠寶設計合作種下種子

中國地質大學（武漢）珠寶學院院長／楊明星

　　記得 1996 年第一次見張芳榮先生，還是位有理想有抱負的年輕小夥子，沒想到 20 多年過後，其公司發展已超越當初暢想的願景，現在已是東龍珠珠寶集團 D.L.J.，與 28 個國家或地區有著密切的業務合作。

　　中國地質大學（武漢）珠寶學院自一九九〇年代，就與中華寶石協會展開密切的互訪交流，張芳榮先生總是活躍份子。2010 年，張芳榮先生和東龍珠設計師楊千儀女士到武漢參加「中國珠寶學術交流會暨珠寶產業發展高峰論壇」，發表「珠寶設計未來」演講，獲得與會專家、設計師和學生的熱烈迴響，為兩岸的珠寶設計合作種下了一顆種子。現在每年的珠寶展，都能看到芳榮先生親自設計的作品，為兩岸三地的業界交流而努力。

考慮到臺灣地區珠寶專業人才的匱乏，張芳榮先生現在計畫編寫一套叢書，講述珠寶生產線上之製作流程，讓人深入淺出的瞭解什麼是珠寶、如何設計珠寶、製作珠寶、鑲嵌珠寶、管理珠寶、行銷珠寶、投資珠寶和典藏珠寶，並與學校開展合作，有系統的培養專業人才，同時在香港、日本、歐洲、美洲和中亞等地客戶中推介此書。

　　我們為張芳榮先生的計畫鼓掌，企業家能抽出大量的精力，為行業的長遠發展培養人才實屬不易，祝願叢書早日付之梨棗！

來自鶯歌的寶鑽

前新北市鶯歌區建國國民小學校長／**韓新陸**

珠寶之於我，猶如天邊的彩虹，僅止於欣賞與讚嘆。寫序，只因在教育現場，認識了這麼一位渾身散放光芒與熱情的人，除了珠寶，還有更多的教育。我談他的人及其對教育的熱情。

奸商？

初次，聽到張董事長自稱自己是奸商，讓我嚇一跳，實則是「堅商」與「兼商」。

首先，他是一位堅持到底、努力不懈、堅持誠信、講求品質的商人。誠如其所言，如果沒有當年的堅持，碰到險阻即退縮，就沒有今天的東龍珠公司。事業的起頭，如果沒有堅持誠信與嚴格要求品質，也沒有東龍珠今天的發展。

其次，他自詡是一位「兼」商，除了母體事業，多年來，從事關懷弱勢及對社福團體的關心挹注。近年更積極推動技職深耕教育，培育珠寶金工產製人才。

「堅商」是公司治理人該有的態度與特質；「兼商」是公司永續經營的社會責任。兩者融入企業的基因，事業將可長可久，無往不利。

著書立說

珠寶，對於社會頂端的人，其交易流通與品評鑑賞，極其頻繁與平常。相較於一般社會大眾，資訊就顯得貧乏，認知極其有限。

目前國內從事珠寶設計與製作行業的人，未聞要大跨步，出版一系列書籍，有系統的向社會大眾介紹。張董事長願意從自己及自身的公司開始，準備出版一系列套書，從簡單的認識珠寶與製程、東龍珠公司創業史，進一步延伸介紹臺灣的珠寶歷史，無私的分享給社會大眾。

尤其在這一部書裡，對創辦人張芳榮先生的成長有深刻

的描繪。從幼時父母親的教誨與孺慕之情，求學階段的困境與挫折，後來擁抱繪畫興趣，遠赴美國學習珠寶設計製作。

一路以來，困難相隨，挑戰從未停止過。至今仍未滿足於現有的規模，持續追求發展與進步。這樣的成長史，不是絕無僅有，卻足以提供給年輕人參考學習。

經營理念

領導人的治理理念與人格特質，攸關公司的成長與發展。理念決定公司的發展走向，方向對了，離目標不遠，成功可以預期；理念偏差，公司將陷入不可挽救的局面。

經營理念必須與時俱進，因應內外在形勢的轉變適時調整。東龍珠公司過去定位只以經營代工設計為主，但是在長期觀察各大國際珠寶展覽，熟悉珠寶市場動向，掌握時尚的敏銳度，加上長年合作的客戶鼓勵下，打造了臺灣第一個彩鑽珠寶品牌「Brilliantia」，融合在地文化的獨特寶鑽，媲美其他國際品牌。其看準趨勢，適時應變調整的動能，讓公司立於不敗之地。

其次，張芳榮先生的人格特質，亦具備成功人士的條件。對內民主溝通、誠懇積極、講求效率，建立員工利益共享，患難與共的革命情感。

　　公司經營是否有績效，企業能否永續發展，不僅只有前述的條件。時刻將「客戶需求」擺在第一位，正是張董事長念茲在茲的中心思想。珠寶固然珍貴，但是穿戴的是人，因此，人的價值高於珠寶。這種以客戶為尊、以人為念的經營理念，才是公司持續進步的源泉。

人才主義時代

　　本人從事教育工作將近 35 年，現已從職場退下來。在過去的工作裡，時刻不忘關注孩子的多元發展。臺灣的教育，近年已慢慢掙脫智育掛帥的困境，逐漸將焦點轉移到學生多元智能的開發。

　　但是不可否認，尚有為數不少的家長，仍深陷在傳統僵化的泥淖裡，迷戀在分數的算計中，以分數和學歷來衡量優秀與否的指標，致使學生的痛苦指數居高不下。此等現象不

免讓人憂心，離多元教育的理想顯然還有一段距離。

今天身邊有一位願意為孩子多開一扇窗的人，看到當前珠寶金工製作人才缺乏、產學落差現象，體認技職教育的重要性，驅使他將公司一部分的心力與資源，放在人才的培育上。一方面幫助孩子習得一技之長，協助就業，同時也直接間接讓公司獲得再發展的人力基石。

此等視野與魄力，教我佩服。目前公司的「技職教育深耕——金藝求精計畫」已正式啟動，從國中階段成立專屬社團，試探孩子的職業性向，發掘金工專長，我們樂觀其成，期待殷切。

時代巨輪已將資本主義時代推進到人才主義時代，各國的教育發展莫不著力於人才的培育。人才亦是公司經營的資產，而人力的開發更是要從教育著手。德國長期深耕技職教育，技術傳承重視師徒制之做中學，因此，工業發展基礎穩固，成為各國學習的典範。新北市政府在教育局成立技職科門，專司技職教育事務，足可稱頌。

東龍珠公司創立二十幾年來，歷經數次的挑戰與轉型，

在羽翼漸豐的當下著書立說，只為分享與勉勵後進；鍾情於技職教育，全在為孩子開一扇窗。

　　他常說：「照顧別人的孩子，最後自己的孩子也會被社會關照。」這種共好共榮的心胸，是當前社會需要的。鶯歌，過去以陶瓷重鎮馳名，未來成為珠寶設計產製中心，指日可待，張董事長是鶯歌的一顆寶鑽！

人情的溫暖，就是無價的珍寶

經常搭著飛機，在不同的城市參展或拜訪客戶。如果是在夜幕時候升降，我喜歡看著窗外幾千英尺下的萬家燈火，那璀璨閃亮的美麗，代表著一戶戶溫馨的家庭，那裡有許多故事，有著許多屬於人們的記憶。這時候，我總不免把這些美麗的意象和鑽石的感覺重疊。

鑽石是世界公認最堅硬最珍貴的寶物，但再怎麼貴重的珠寶，也還是需要因人而存在。我認為鑽石有著無與倫比的美，可是人情則是真正的無價。每當飛機幾小時的飛越在雲層之上，內心總是懸在高高的天際，直到窗外看到那些萬家燈火，才會感到一種安心。

超過二十年與珠寶共處的歲月，我去過太多的城市，也看過太多的人情冷暖。東龍珠珠寶的公司創業史，就伴隨著臺灣的珠寶發展史。年輕時代，我在臺灣接受老師傅最穩紮穩打的土法煉鋼式金工教育。稍長，我在美國打下真正的珠

寶學基礎，足跡遍布幾十個州。

　　公司的創立，更是一步一腳印，從一個人提著皮箱跑業務做起，去過臺灣各個鄉鎮，之後逐步轉型，有了自己的工廠，員工由兩人、三人、五人，成長到幾十人的規模，東龍珠珠寶也從代工起家，轉型為建立自己的品牌，將市場拓展到海外各地，三不五時，也是拎著皮箱，我就要搭機飛到不同的國度。於是，我經手過無數的珠寶，但看過更多的人。

　　人們因為帶著珠寶首飾而變得更有氣質更加身價不凡，但反過來說，珠寶若沒有工匠的精湛技藝，沒有商人的奔波推廣，沒有名媛紳賈的佩戴，就只會是隱藏在陰暗地底的石頭。一直以來，我從事的是珠寶的生意，但究其實，我從事的仍是和人相關的生意。這中間充滿了感恩。

　　我最要感謝母親的教誨，她帶給我的人生觀，影響我一生一世。至今我做任何事總秉持著良心，相信心中有神明，碰到逆境也不以為苦，凡事往好處想，相信認真誠信最終總會有好的發展。

　　我還要感謝一路教導過我的諸多前輩，包括早年曾經傳

承我技藝的師傅，以及在美國遇見的諸多貴人，他們至今都仍是我的換帖兄弟、至交好友。至於陪伴我的家人們，他們是我從創業到立業以來最大的心靈支柱。此外，還包括日夜和我共同打拚的好同事們，公司的經營因為有這些專業認真的好夥伴，我才能安心帶著皮箱全球打拚。

走過大半生與珠寶為伍的歲月，人生步入中年，我日益關懷的是另一個層面的事業。如同我所說，珠寶很珍貴，但人情則是無價的。有好的人，珠寶才能散發光芒。

人情重要，人才重要，人才的培育是我總是懸掛在心上，非常關切的百年大計，因此在推展珠寶事業，並為臺灣經濟奮鬥的時候，我也開始投注心力在臺灣的技職教育，希望可以培育珠寶專業領域的後起之秀。這樣的事，單憑我一個人的熱情是難以實現的，還好我遇到許多貴人，有他們的專業與真誠，這些夢想也終於可以逐步實現。

我要衷心感謝這些協助推廣技職深耕、讓「金藝求精」大業可以築夢踏實的長官和貴人們。

首先感謝新北市的大家長朱立倫先生，他的睿智遠見，

讓「金藝求精」計畫可以順利推展，感謝朱市長，以及新北市教育局技職教育科的長官們。

技職教育，需要各級學校的配合。感恩鶯歌國中張俊峰張校長、鳳鳴國中紀淑珍紀校長、尖山國中游翔越游校長，以及鶯歌高級工商職業學校孔令文孔校長等，因為他們對教育的關愛，讓「金藝求精」計畫可以真正落實。

還有輔仁大學應用美術系陳國珍教授、清華大學藝術與設計學系蕭銘芚教授、財團法人新北市東陽宮文教基金會韓新陸校長、財團法人新北市東陽宮文教基金會趙福來校長、財團法人新北市東陽宮文教基金會池勝源校長、紅螞蟻磁磚卓郁陽會長……等等，這些貴人們的付出，我終生感謝。

珠寶的燦爛是永恆的，人情的溫暖也是長據吾心。「金藝求精」計畫已經正式啟動，屬於臺灣的東龍珠珠寶事業，也要持續努力奮鬥。感恩所有貴人、感恩所有願意為臺灣的教育與成長付出心力的人們。你們不只值得擁有珍寶，你們本身就是珍寶。

感恩再感恩。

目錄

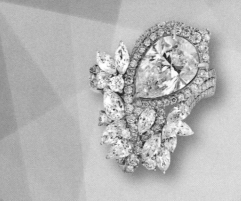

守護你一生的美麗

「如果兩眼生來為著注視，美就是她存在的原因。」

——愛默生

「美是一種善，其所以引起快感，正因為它是善。」

——亞里斯多德

提其珠寶，沒有人會反對，這是世界上最美的東西。

珠寶本是個硬邦邦的東西，沒有靈魂，沒有內裡。是人們賦予珠寶生命，讓珠寶成為讓人眼睛一亮的光芒。

說起來，當珠寶來到人們面前，變成光彩奪目的存在，也是經過一環又一環的細心傳遞。每一次的傳遞，透過專業的師傅，都賦予其不凡的加持。

以臺灣第一個主打彩鑽的珠寶品牌「Brilliantia」來說，每一個送到客戶手中的珠寶，不論是戒指、項鍊或以鋼筆名品等不同的型式呈現，都已經經歷過層層品質把關。像是醜

小鴨變天鵝般，從最初來自地底深層、泥沙滿身，之後經過伯樂挑選，成為原初的寶石，經過設計和淬鍊，讓珠寶與金飾、銀飾等結合，終於成為人們手中愛不釋手的美麗璀璨。

這中間，有專家的眼光，有設計師的不凡遠見，以及幾十年功力的師傅用心的雕琢。當然，最後還要有每一個收藏者用心的感悟，於是這些飾品在世上發光發熱，成為有生命的珍寶。

筆者最初在美國累積豐厚的寶石工作經歷，認識了一輩子珍惜的寶貴珠寶產業友誼，以我的專業加上充沛的人脈做後援，於 1993 年創立了「東龍珠珠寶」，是臺灣目前唯一採一條龍式經營，擁有自有品牌的 MIT 珠寶公司。我們堅持品質，重視誠信，是珠寶業的臺灣之光，也是一個如鑽石般守住恆久承諾的優質企業。

這系列書籍是筆者以從業人員身分，首次以無私分享的角度，將珠寶從最初的原石，一路淬鍊最終成為消費者手中珍寶的過程，專業分享。並提供自家拍攝的原版照片，強調真善美的珠寶製成，公開在每位讀者面前。

整套系列由東龍珠珠寶本身介紹說起，這是一種傳承，不是商業行銷。筆者真心希望讀者們藉由更認識珠寶，也更能看出每個珠寶背後的美麗內涵。

　　珠寶可以傳家，珠寶就是美麗的化身。

　　悉心珍藏，用心呵護，當歲月過去，她仍將用最美的光芒陪伴著你。

　　珠寶是我們生生世世的守護者。

　　美麗一生，幸福一生。

第一部

認識珠寶

第一章　珠寶為何珍貴

這世上什麼最珍貴？

若以有形的物質來看，印驗了那句話：「物以稀為貴。」

好比說，對於在沙漠中找不到綠洲、水壺空空的旅人來說，純水最貴。而在古時候，對於住在內陸深處，一輩子看不到海的人來說，貝殼就是珍寶。

那麼，珠寶為何珍貴呢？

第一、具特殊性：

珠寶的形成有特殊的自然因素，經歷地球千萬年的種種淬鍊，才有礦石出現。

第二、取得不易：

就算有了礦石，也是深埋地底，取得非常不易。

第三、製作繁複：

一旦取得也需經過重重流程，才能成為可以流通市場的美麗物品。

第四、人見人愛：

如果只是稀有還不至於那麼貴，重要的是既稀有又美麗無雙，所以成為人類最愛。

🔹 什麼是珠寶？

珠寶，顧名思義，是有著耀眼珠石的寶物，有別於其他類型的寶物，如黃金、名畫。珠寶，一定含有「珠」的成分，這個珠，指的是「珍貴的石頭」。

以身上的首飾為例，珠寶主要由兩部分構成：

一、寶石

此部分又分為主石與搭配副石（配鑽）：

1. 主石：作為整個珠寶首飾的主角，通常會有一個主石。這個石頭，可以是鑽石，可以是藍寶石，可以是紅寶石，也可以是瑪瑙、翡翠或玉石。基本上整個首飾的主要價值，就取決於這顆主石。

2. 副石：基於設計的美感，許多的首飾除了一顆主石以外，通常還會搭配不特定數量的副石，甚或以大量的小碎鑽做為妝點。也有一些很珍貴的首飾，例如皇室的套組珍寶，本身由很多珠寶構成，但通常也會有一顆主石，以及其他次要的寶石。

二、金飾

金飾，是指首飾上面貴金屬的部分，主要是用來做為珠寶的載具，但金飾本身也可以作為獨立飾品，而不一定要搭配寶石，但在這種情況下，就不是典型的珠寶。

但是在傳統稱呼上，也被併入珍寶範疇，所謂的「金銀

財寶」包含珠寶，也包含純粹貴金屬的寶物。

　　金飾，代表貴金屬，但不一定是純金的。實務上，沒有100％純金的飾品，因為純金非常軟，無法單獨做為飾品或器皿。

　　通常我們聽到的純金製品，指的頂多是 9999 純金，也就是 24 K金。大部分的黃金製品，都含有不同成分的其他金屬，如銀、銅等成分。

　　含金量多少，可以從 K 數看出。例如含金量最高的24K，有 99％以上的金，到了 22K 有 91.7％的金。至於常聽到的 18K，就只有 75％的含金成分，其餘依此類推，K數越小，含金量越少。

　　除了黃金製品、K 金製品外，還有銀製品、銅製品、鉑製品等。珠寶加上貴金屬，就是整個首飾的基本價值結構。

　　至於正式變成首飾的珠寶，其價格的計算是：

珠寶價值＋貴金屬價值＋設計師價值＋市場價值

那麼，一個名貴珠寶佩戴在明星身上，當她出席盛大典禮，踩在紅毯上，那一身的珠寶為何價值連城呢？

　　因為珠寶主石本身就是珍貴的寶石，具備頂級的 4C 特質，搭配的其他寶石也都是珍稀的名品，以 24K 黃金做為基底，並由世界知名設計大師設計，加上品牌的效應，使得佩戴者貴氣逼人。

　　所謂珠光寶氣，就是這種由首飾散發的不凡氣勢。由於每件都是獨一無二的，還可以增值，因此價格還可提高，幾乎沒有上限。

鑽石有哪些種類？

　　珠寶的最主要價值，自然是來自珠寶主石。

　　主石的價值，來自於其品質。不同的寶石，有不同的價值認定方式，其中最貴重的寶石就是鑽石了。

　　提起寶石，大家第一個聯想到的一定是鑽石。幾乎可以說，以有形的物質來看，鑽石就是全世界最寶貴的東西。

　　當然，任何一顆鑽石和任何一顆其他寶石比起來，不一

定鑽石價格就比較高。如同任何事物都有高下之分，鑽石也有等級之分，如果是一個等級較低的鑽石，那其價格可能遠不如另一顆高品質的寶石。

　　鑽石的價格評斷，主要標準就是 4C：

一、重量（Carat）

　　鑽石以「克拉」為計量單位，克拉（Carat），簡稱 ct，1 克拉等於 0.2 公克（gram）。

　　基本上，克拉數越大，也就是鑽石越重越大，當然價格越高。

二、淨度（Clarity）

　　淨度指的是鑽石內外部包含的特徵及等級描述，鑽石淨度分級均以 10 倍放大鏡為標準，GIA 淨度等級分至 11 個等級，如下表整理：

FL	FLAWLESS	無瑕級	無法看到表面特徵和內含物
IF	INTERNALLY FLAWLESS	內無瑕級	無內含物，僅有極輕微的外表缺隙
VVS1	VERY VERY SLIGHTLY INCLUDED	極輕微瑕級	極端困難看到
VVS2			非常困難看到
VS1	VERY SLIGHTLY INCLUDED	輕微瑕級	困難看到
VS2			稍微容易看到
SI1	SLIGHTLY INCLUDED	微瑕級	容易看到
SI2			非常容易看到
I1	IMPERFECT	有瑕級	肉眼可見
I2			肉眼容易看到
I3			工業用鑽石之界線

有些鑽石淨度不低，VS1、VS2 或更低，但看起來有點混濁的感覺，又無螢光反應，這就是鑽石本身內含無數雜質，在報價上會較一般正常鑽石低。此外，常有人將灰塵錯當內含物，因此在鑑定淨度前，須用珠寶專用的擦拭布清潔乾淨再來鑑定，方為準確。

三、顏色（Color）

鑽石顏色分級是 D－Z，代表兩種顏色極端。越接近 D 色，代表鑽石越透明無色，另一極端則為彩鑽，內含黃色或棕色色彩或是其他顏色。

鑽石價格依照稀有程度及鑑賞者的喜好程度而產生價值，有些顏色的彩鑽產量非常稀少，價格也無固定行情，粉紅色鑽石自以往到現在，都是非常稀少且高價的產品。

四、切工（Cut）

我們一般看到的鑽石，都是經過切割的。有人會問，為何鑽石需要切工，難道不能用「本來面目」嗎？

那就好像有人在問，為何檜木不能直接砍斷後就拿來做家具的意思是一樣的。檜木需要經過打磨、拋光等流程，才能讓木紋肌理呈現，變成家具。同理，鑽石原石是比較粗糙甚至看不到光彩的，要經過工匠的專業流程，才能變成美麗的鑽石。一般常見的鑽石造型如下：

圓形明亮型
Round Brilliant

橢圓明亮型
Oval Brilliant

馬眼明亮型
Marquise Brillirant

梨型明亮型
Pear Brilliant

枕形明亮型
Cushion

心形明亮型
Heart Brilliant

Trillion Curved

四方型明亮型/公主型
Quadrillion/Princess cut

祖母綠式
Emerald cut

雷地恩明亮型
Radiant cut

鑽石會經過一定的切工，這些切工的重點，一定是結合光學效應，可以讓其產生美麗的光澤，這需要頂級的匠師專

業切割，而非隨心所欲弄個形狀就好。

以上 4C，決定了鑽石的價值。

還有什麼寶石？

除了鑽石外，所謂的寶石種類還有很多，一個珍稀的寶石，其價格也是非常不凡的。

所謂寶石，絕不會是百分之百天然的，因為最天然的狀態，一定只是一顆礦石。除非是經驗豐富的挖寶者，否則若將純粹的天然礦石拿給一般民眾，大部分人都不會知道那是個珍貴的石頭。

一個天然礦石，要經過切割、拋光，乃至於化學處理等複雜的流程，才能成為寶石。鑽石如此，其他各類型寶石也是如此。

除了鑽石以外的寶石，又可以分成貴重寶石以及半寶石等兩大類。基本上，只要被稱為寶石，都有一定的價值，就連品質最一般的半寶石，也比工業化製程所製的任何人工寶石來得貴重。

一、貴重珠寶

鑽石、藍寶石、紅寶石、祖母綠、金綠玉、翡翠及南洋珠等，都屬貴重寶石，其中鑽石已如前所述。

1. **紅寶石**：是剛玉的一種，因內含鉻（Cr），所以呈現紅色。天然的紅寶石極為稀少，大部分我們看到的紅寶石很多是人工製成，也因此若有天然紅寶石，其價值必定非凡。

2. **藍寶石**：在剛玉寶石中，除了帶有紅色光澤的紅寶石之外，其它顏色的剛玉寶石通稱藍寶石。

3. **祖母綠**：也被稱為綠寶石，但其不屬於剛玉，而是屬於一種綠柱石，結構通常呈六方柱狀。

4. **金綠玉**：一般人可能沒聽過金綠玉，但一定聽過貓眼石。貓眼石就是金綠玉寶石的一種，內含鈹鋁氧化物。

5. **翡翠**：是中國人的最愛，從清初緬甸進貢以來，就開始成為華人眼中象徵平安的珠寶。翡翠屬硬玉輝石類，產地以緬甸為主。

6. **南洋珠**：又稱「珍珠之王」，為海水珍珠，成型約 10 ～ 15 毫米左右，18 毫米以上為極品。

二、半寶石

一般做為首飾用的寶石，除了貴重寶石外，也可包含瑪瑙、紫水晶、綠柱石、黃水晶、石榴石、橄欖石、蛋白石、尖晶石、坦桑石、虎眼石、綠松石、黃玉、電氣石、鋯石、珍珠、珊瑚、象牙等等。

雖然用半寶石製作的首飾，價格可能遠不如名貴鑽石的首飾，但如果質地純正，切工精細，那仍是價值不菲的。好比說，透過鑑定師認證的玉飾或正統的象牙飾品，價格就可能比普通的金飾要高很多。

第二章　珠寶如何來到我們手上

　　一般我們看到珠寶，不論是手上戴的、頸上掛的或者出現在衣裳、髮夾，乃至於身邊的鋼筆、手錶上的閃閃亮麗，都是珠寶的最終成品。

　　以時間來看，從做為首飾主石的鑽石原礦石出土，到成為妳玉指上的美戒，中間可能經過百年歷史，也可能只有一、兩年時光，因為那顆鑽石可以是剛出廠，但也可能已在市面上流通一陣子。別的不說，知名電影《鐵達尼號》裡的那顆「海洋之心」，距今就有超過五百年的歷史。有句廣告詞說：「鑽石恆久遠。」因為鑽石不會腐朽，不會變質，因此常被用來作為愛情的見證。

　　以結構來看，我們身上的珠寶，當然不會以純鑽石的形

式呈現，而會搭配金飾或其他材質的飾品。好比說戒指，一定會有戒環以及寶石托架，其通常是以金屬融製，再搭配不同的設計造型。

　　到底，珠寶有哪些種類？珠寶的價格如何定位？珠寶為何那麼珍貴呢？

　　讓我們來一趟簡單的珠寶之旅。

💎 珠寶來自哪裡？

　　珠寶，包含寶石、貴金屬以及設計三部分。一般我們購買珠寶，有三種方式：

一、選購

　　這是目前最多消費者選擇的方式，透過珠寶專櫃、銀樓或者各種珠寶經銷商，通常是在現場選購。至於比較特殊的珠寶，可能要透過拍賣或甚至委託專人代購。

二、委託製作

　　這是目前越來越風行的珠寶擁有方式。一般當我們採取

選購的方式時，較難取得獨一無二的設計，因為透過通路購買的，一般都是量產的珠寶。對珠寶公司來說，這是比較符合效益的。

如果要買到真正獨一無二的設計，那就要採取訂製的方式，這在未來有關設計的部分會專題論述。

三、委託代工

同樣是委託，委託代工的客戶會自己準備寶石，所以通常是專業級的客戶。他們可能自己已選購了裸鑽或寶石，或者因為各種因素，例如接受餽贈或者想將原有的首飾改款，於是乎他們自備寶石，委託珠寶公司代為設計。

無論如何，以上三種珠寶的取得，都是以消費者的身分，和珠寶公司的通路採購。至於珠寶的前身，也就是製作珠寶的各種原料，又是來自哪裡呢？

珠寶的市場，主要分成跨國鑽石生產集團、大型批發商、中型批發商，以及個別的珠寶公司。

　　以鑽石為例，不同於其他物資，鑽石的生產，只有規模極大的跨國性企業才有實力可以辦得到。全世界已知的鑽石出產地區不到 30 個，由於鑽石極為稀有，並且具有不可再生的特性，所以異常珍貴。所有的鑽石生產地，也都有著極為嚴格的管制。

　　鑽石比較大的產區分別為非洲、蘇聯、加拿大以及澳洲，中國也有生產鑽石。若以性質區分，又可分為珠寶類鑽石以及工業級鑽石。無論如何，從礦區採挖到的都只是原石，還需要經過加工，才能變成可以銷售的鑽石。

　　全世界最大的鑽石公司，最早是大家熟知的「戴比爾斯（De Beers）」，即便後來因為違反托拉斯法，公司後來改組分解，最終背後的主控者仍是這個集團，其以一條龍模式，主宰了全球四成左右的鑽石開採和貿易。

　　由這類跨國鑽石生產集團開發及加工後的鑽石，再分售給大型經銷商，所謂大型經銷商，是經過像戴比爾斯這類最上游公司認可的廠商。一般來說，必須簽約保證每年有一定訂單量的客戶，才有資格成為大型經銷商，全世界符合這樣

標準的廠商頂多只有三十家。

　　鑽石大約可分為大型鑽石及單位一克拉以下的小鑽。目前大型鑽石市場由這些大公司所把持，主要是美國人，至於小鑽市場則交給猶太人，由猶太人負責銷售，都是中型經銷商。但是既然能夠銷售鑽石，這裡所謂的中型，規模其實也都不小。

　　一般人包括廠商及消費者，若想要購買第一手的鑽石，只能從以上所列管道購買，因為礦場都已經被大廠掌控。除了大經銷商，其他廠商無法向源頭購買，所以一定是透過較中下游的供應商購買。以東龍珠珠寶為例，因為創辦人早年在鑽石產業建立的人脈，認識了很多猶太人，所以在鑽石採購擁有一定的資源，可以取得優質及合理價格的鑽石。

　　其他各種寶石，分別有不同的供貨源，但基本上由於寶石的取得困難，最源頭一定是跨國性的珠寶集團。對一般消費者來說，除非對珠寶領域有一定的鑽研，或者從事的是珠寶事業，否則較少有人自己去和這些通路購買鑽石或寶石，多半都是直接和珠寶公司或工廠購買珠寶成品。

🔹 珠寶首飾怎樣誕生

珠寶的購買如前所述，分成三種類型：選購、委託代工以及委託設計，後二者又可合併稱為委託設計購買。以東龍珠珠寶為例，消費者取得一個首飾的流程有以下兩種：

一、選購珠寶

由東龍珠珠寶自行設計的款式，提供給消費者，在相關專櫃及通路做選擇。其基本流程：

1. 東龍珠珠寶每季不定期推出新款式的珠寶設計。
2. 該珠寶透過通路展示在專櫃。
3. 消費者看到喜歡的款式直接購買。

二、委託設計購買

1. 消費者到專櫃表明想要設計珠寶，並且在專櫃接待處說明基本的需求。
2. 東龍珠珠寶派設計部專員與客戶見面，見面時並準備簡單的設計草圖。

3. 經由設計部人員與客戶溝通，由東龍珠珠寶提出設計圖讓客戶確認。

4. 設計圖確認無誤，進入生產流程。

5. 客戶在期限內取得設計的珠寶。

　　至於一個珠寶，如何從設計圖，變成實際拿在客戶手上的成品呢？各項細部說明我們會在稍後各章介紹，其基本的流程，則主要有以下步驟：

1. 設計部：設計圖樣，並與客戶做第一件溝通。

2. 3D 設計：將客戶的設計稿，轉成為 3D 模式。

3. 3D 列印：透過 3D 列印即可印出基本的首飾基模。

　(1) 最好的設計可以一體成形。

　(2) 但若有特殊情形，則須採組裝模式。

4. 金工鑄造：一個美麗的珠寶首飾，是由貴金屬和寶石構成。寶石部分，基本上珠寶公司取得的都是完整可供銷售的成品，因此主要的製造工作是在貴

金屬的部分。有了 3D 列印的基本模型後，金屬的部分要先經過幾道處理流程，這部分就叫做金工作業，包含：

(1) **鑄造**：將 3D 模型透過蠟製模程序變成蠟模。再將以蠟模壓製的模型澆灌金屬液，誕生雛形。

(2) **修剪**：由高溫鑄模出來的貴金屬雛形並不那麼平整，要再經過修整的程序，這是很細的工。

(3) **拋光**：要讓金屬有光澤，這是必要程序。

5. **打造首飾**：貴金屬部分完成，再來就是和寶石做結合，如何讓寶石和貴金屬鑲嵌密合，這也是需要多年以上的師傅才能做成。

6. **送到客戶手中**：首飾打造完成，之後還須經過品管驗收過程，最後才能交到客戶手上。

這就是珠寶的基本誕生過程。接下來，讓我們從臺灣珠寶的發展史談起。首先，讓我們來到東龍珠珠寶誕生的故鄉——鶯歌。

第二部

緣起鶯歌

第三章　陶瓷鄉孕育珠寶魂

在臺灣的珠寶市場，也許論起規模、營業額或者知名度，誰是本土 No.1 的珠寶公司見仁見智。但若論起以一條龍方式經營的本土珠寶品牌，那麼創立超過二十年，以「Brilliantia」打造出臺灣之光，東龍珠珠寶穩坐龍頭，當之無愧。

事實上，東龍珠珠寶不僅在珠寶界是全臺灣彩鑽擁有數量第一的老牌企業，經歷過金融海嘯以及臺灣代工業蕭條危機仍屹立不搖，並將發展觸角推展到世界各地。

更為人所津津樂道的是，東龍珠珠寶在教育界所做出的貢獻，已經不只是捐助獎學金或贊助校園活動這樣性質的公益，而是格局恢弘的教育百年大計。

　　由董事長張芳榮親自領軍的「金藝求精計畫」，立志從中學階段就開始扎根，培養臺灣的工藝種子，有朝一日要讓臺灣成為世界珠寶重鎮。

　　誠如張芳榮所說：「若你問我何時可以看到改變，我不能給你一個確切日期，但我可以肯定的說，只要我開始做，就一定會創造改變。」

　　不同於許多董字輩的企業主，時時掛在口中的是營業額、獲利率，張芳榮經常念茲在茲的，反而是企業責任以及如何帶給臺灣更好的未來。

　　是怎樣的環境培育出格局那麼遠大的企業家呢？追溯源頭，讓我們來到臺灣的陶瓷之鄉——鶯歌。

故事從老街開始

　　現在的東龍珠珠寶總公司所在，二十年如一日，仍是那棟面街的老屋，出鶯歌火車站後站右轉，大約步行十分鐘就到。當周邊的環境已經大幅改變，曾經的農田一一變成房舍，屋後的鄉野土地，如今也開發成臺灣知名的觀光小鎮。

東龍珠珠寶仍是一貫的低調樸素，沒有顯眼的看板，更非華麗的辦公大樓，經過的路人匆匆，絕不會有任何人想到，某一個青草中藥行門面裡頭，竟然有著全臺灣最大的本土珠寶品牌。

這棟樓高三層、再普通不過的水泥建築，不只是張芳榮創業的所在地，也是他從小長大的地方。

時序回到 1933 年，張芳榮的父親出身於一個貧困的農業家庭，祖傳的中藥小小事業，傳到張芳榮祖父一代，由於需要照養 11 個孩子，生計維持得很辛苦。

張芳榮的父親很有見地，覺得中藥事業應由老大來繼承，身為次子的他應該勇敢自己外出闖一片天，不要帶給家人負擔。就這樣，16 歲的他帶著簡單行囊隻身離家，一路從桃園步行到鶯歌。

當時那裡已算是熱鬧的地方，他就在那立足，靠著四處打工，過著清苦的生活。20 歲那年，因為媒人介紹，認識了張芳榮的媽媽，於是正式在鶯歌成家立業。

為何說是成家立業？因為那年，張芳榮的祖父也來到鶯

歌找兒子，並把中草藥的生計傳給這位次子，於是張芳榮的父親有了一個小小的店面。

　　那是個租賃的破舊小屋，本就很小的空間還要切割成兩部分，前半部是賣中草藥，後半部則是一家人窩居的地方。張榮芳那時還沒出生，是後來搬到另一處地方他才誕生，他的四個姊姊則陸續在這裡誕生成長。

　　講起張芳榮老家的發跡過程，就要談起他的母親張氏。原本張氏就是典型的臺灣勤儉婦女，有著虔誠信仰的她，每天固定清晨三點就會起床，到土地公廟拜拜，之後去早市批來油條、豆漿、豆腐等，開始挑著擔子去鶯歌老街賣。

　　直到六點多，擔子裡的早餐大致賣完後，她回家緊接著要料理幾個孩子的便當，一一送她們去學校後，再忙著家事。這樣的生活模式，直到張芳榮出世，念到幼稚園後都是如此。

　　就在那幾年，發生了一件不可思議的事。聽起來很玄，但卻是張芳榮的親身經驗，絕無妄言。原本張氏只是個虔誠拜拜的婦女，有一陣子突然變得怪怪的，經常自言自語，若

是在現代，別人可能以為她只是在講手機，但在 1960 年代，大家對她的共通看法是──張氏發瘋了。

後來因為發生很多神蹟，大家才知道那是「通靈」，在那之前，張氏度過一段被鄉民冷言冷語的痛苦時期。無論如何，大家逐漸發現，原來張氏那不是「自言自語」，而是在和神明「溝通」。

在她尚未在鄰里間被接受時，她經常一個人坐在路邊，每看到有人經過，就開口說：「某某某，你最近家裡會發生什麼事。」、「某某某，你的身體狀況不好要注意！」等等「預言」，嚇得大家都對她敬而遠之，但後來人們發現她是通靈人，可以為人開示解惑後，又紛紛跑來找她。

乃至於在張芳榮成長時期的印象中，媽媽總是很忙，但都是在忙別人家的事。張氏本身虔誠侍奉太白金星和觀音佛祖等眾神，她自己也在鄉里眼中變成可以解決很多困惑的活菩薩。

有一天，一個在地富戶來拜訪張家，開口就要求張家由張氏出面買一塊土地，不用出資，只需掛名就好。張芳榮的

父親是老實人，當下覺得這樣的事太奇怪了，怎能平白無故不拿錢就擁有土地？不勞而獲這種事在張家是絕計不幹的。

但那富戶卻三番兩頭一直來請求，日後才知道，原來那富戶某天夜裡作夢，夢到神明來指引他，趕快買地可以發達，但神明指示，不能由這位富戶掛名，而必須由神明點選的人來購買，並且在土地獲利後，要分一半給對方。那個神明點選的人是個婦人，只要清晨去土地公廟就可以見到她。

這種玄奇的事，富戶當然不在意，認為只不過是個夢境罷了，但第二天他又做了同樣的夢。這富戶覺得事情很怪，但還是不予理會。結果大白天就莫名其妙的摔了跟頭，跌得頭破血流。富戶知道這事不是玩笑，必須認真看待。

隔天，他真的一早就趕去土地公廟，但他去得太晚了，張氏三點多就已離去，富戶六點多才去，當然看不到婦人。當天富戶又是諸事不順，逼得他第二天又去土地公廟，這回學乖了，他徹夜不睡，一到清晨兩點多就出門去廟裡，到了三點，總算讓他等到如同夢境中神明指示一樣穿著的人，他那時才知道，原來這位婦人就是張氏。

就這樣，奉神明指示，他一直來張家拜託。盛情難卻，後來張芳榮的父親就說：「好吧！那就當作我跟你借錢買土地好了。」

　　就這樣，原本家境貧困的張家，竟然可以擁有土地，並且如同神明所說，很快的那塊地就增值了，讓買家賺了一筆錢。富戶不敢有違神意，真的分一半錢給張氏。

　　有了這個第一桶金，張氏開始陸續去買地，小時候張芳榮就知道媽媽常常跟「神」說話，神明指示她去買哪塊地，媽媽就去買。沒有例外的，每塊地都賺錢，甚至曾經發生地才剛買，都還沒完成手續，下一個買家就出現了，急著要買那塊地。

　　也就是有了這樣累積的錢，張家才能在鶯歌買了一棟自己的屋宅，那就是如今東龍珠珠寶的總公司所在地。

🔵 神明在你心中

　　聽起來像是神話故事，但張芳榮的老家的確就是這樣蓋起來的。在張芳榮成長期間，一路看著自己的媽媽，整天在

為民解惑，他自己經常和媽媽講話，但講話的對象可能不是媽媽本人，而是媽媽後面的神明。若有人好奇這事的真偽，其實只要去鶯歌當地詢問耆老，便能得到肯定的答案。

但張芳榮強調，這件事帶給他的啟示，絕非原來靠著神明就可以不勞而獲，而是做人做事都要負責，並且為大眾服務。張氏本身為了服務鄉親，每天從早忙到晚，在自家，一樓前面仍是中草藥營生，二樓後段是起居間，二樓前段就闢為神壇。

之後，神明有一天指示，要在某一塊地上蓋廟，很神奇的是，隔天那塊地的地主也來拜訪張家，提起這件事。就這樣，張家在神明指引下蓋了一間廟，那間廟如今還在鶯歌，是香火旺盛、經常有神蹟，也是地方父老經常聚會討論事情的重要據點。

從小到大，張芳榮受到的人生指引，就是人生在世，是有使命的。你不只要為自己負責，你還要盡己所能，為社會奉獻。

記得在更小的時候，那時雖然家裡有著安居的地方，但

家境不算特別好。當時在同一條街上，只有一戶人家有能力購買電視，當然是黑白電視。那是間西藥房，張芳榮的同班同學住那裡，同學的祖父就是前任鎮長，是典型的有錢人。

晚上的時候，小孩子們就會聚到那戶人家爭看電視，若白天和那位同學吵架，晚上就不能進屋看電視，張芳榮有一次和他吵架，當晚只能站在櫥窗外遠遠的看，後來被他同學看到了，還故意把簾子拉上，不讓張芳榮看。

小時候同學間若有打架爭鬧，不像現在家庭，每個父母都護著自家心肝寶貝，甚至到校理論。那時候，只要跟那個有錢人家吵架，長輩都會告誡：「你可以被打，傷痛回家用膏藥貼貼就好，但你不可以打傷別人，我們是窮人，可賠償不起。」

從小就是接受這樣的觀念，直到現在這樣的觀念都根深柢固，也變成東龍珠的企業文化，那就是寧可自己委屈，也不要去占別人便宜。

而且小時候，張芳榮很黏媽媽，既然媽媽喜歡拜拜，他也就經常跟著媽媽去大大小小的佛寺參拜。姑且不論是否迷

信，單單以宗教勸人為善的角度，張芳榮從小就耳濡目染。他誠心相信，人在做，天在看。所以張芳榮不論是在個人做人處事或在企業經營上，從來都是秉持著良心做事，絕不做任何有虧職守、更不會做違反道德的事。

那年代還沒流行《祕密》這本書，那已是三十多年後的事。但當年，信仰虔誠的媽媽卻早已灌輸他「心想事成」的觀念。小時候，張芳榮已經習慣每當有事就找媽媽，有事想問神，也是找媽媽。

由於張芳榮讀書成績不好，經常被老師打，他就跟神明請教：「神啊！怎麼辦？我功課不好，都會被打。」

神明此時會透過媽媽的嘴跟他說：「功課不好沒關係，心地善良最重要。做錯事不要怕被打，你就在手上寫個『不痛』兩個字，緊緊握著再放開，之後就不痛了。」他去學校照做，結果被老師打的時候，真的就比較不痛了。

還有，他小時候怕狗，這事他也去問神明，神明就說：「你不要怕狗，這樣吧！狗會怕老虎，你就在手中寫著『虎』字，對著狗張手，狗就不敢惹你了。」還真的，他碰到狗，

把手伸出來，狗就縮起頭跑走了。

張芳榮說，現在想起來，那或許只是一種自我催眠，如同《祕密》所說的「心想事成」一般。

但由於張芳榮從小就培養這種信念，一碰到事情就相信：「我一定可以克服！」所以一路走來，他就算碰到很多困難，若是別的人早就抱怨連連叫苦連天，他卻總是不以為苦，有著強大的韌性。

那時候他也經常問媽媽很多問題，只要是和任何困難相關的事，媽媽（也就是神明代理）就會說：「你啊！永遠不用擔心，因為媽媽經常在幫人，媽媽是天下人的媽媽，所以神明一定會保佑你家。任何事，只要問心無愧是做善事，那就盡力去做，不要去想負面。」

就這樣，張芳榮總是用正面角度想事情。

1993 年，他創立了東龍珠珠寶，二十年期間也曾碰到不少的挫折，包括初創業時的創業維艱，以及曾經歷經金融風暴、競爭壓力、臺灣廠家紛紛出走等危機，他都秉持著強大的韌性，一天也沒曾想過要退縮，堅持要固守臺灣。

　　終於，雨過天青，現在成為臺灣本土珠寶品牌之牛耳。
而許多艱難的任務，諸如深耕臺灣技職，勤跑學校無怨無悔
的溝通，在背後，就是有這樣成長時期的磨練。

　　你說世上有神嗎？只有心中誠信，神明永遠就會守護在
你心裡。

第四章　生活就是一所學校

　　若以文憑來說，東龍珠珠寶的創辦人張芳榮絕非高學歷出身，日後事業有成，為了專業精進，他不斷學習，也取得許多專業證照，但在最早的時候，他坦承自己是個不會讀書的人。

　　然而不會讀書就代表著沒有能力嗎？當然不是這樣，術業有專攻，傳統學校認知的德、智、體、群、美，只是共通的基本學問，無法涵蓋這世間各樣的專業領域。

　　至於生活教育，對張芳榮來說，比起校內傳授的倫理道德，來自成長環境的種種磨練才是建立他正確觀念的搖籃。東龍珠珠寶的許多核心理念，就是孕育自這裡。

不要擔心，神明會還你的

　　有個會通靈的媽媽，對張芳榮來說既是好事也是困擾。說是困擾，自然是因為自己的媽媽是天下人的媽媽，她許多的時間都在為別人服務。說是好事，則是因為家中就有個活菩薩可問問題，比起翻字典還方便呢！

　　記得有一年春節，張芳榮拿到五元壓歲錢，那可是他盼了一年拿到的大錢，他非常興奮。但小孩子貪玩，東西也不知往哪亂擺，第二天忽然驚覺壓歲錢不見了。傷心難過的他，自然要再去跟「神明」求救，於是沮喪的去找媽媽。

　　得到的回覆是，神明安慰他說：「不要擔心，錢沒有不見。錢只是被土地公爺爺借走了。錢改天會還你，並且會算利息喔！」

　　小小年紀的他，也分不清這是安慰還是神明開示，總之就認為既然只是神明借走，錢沒有不見就好，於是本來沮喪的心情立刻好轉，又開開心心的和同學去玩了。

　　直到隔月的某一天，有個來自臺北的阿姨專程來找媽媽問事。得到解答後，心滿意足的準備離去。一回頭，看見張

芳榮這個可愛的小弟弟站在那邊，一時興起就拿出二十元給他說：「小弟弟乖！這筆錢給你當零用錢！」

說起來真的很神，神明還真的「連本帶利」把錢還給他。如今若再發生這樣的事，以成人的理解來看，自然認為這只是巧合，當初的錢是真的玩丟了，這回的零用錢只是不相干的事件。但對孩子來說，他卻深信不疑，並且種下了深刻的信念。

在創業時期，做生意嘛！沒有總是順的，難免也會碰到金錢上被賴帳或不合理的事，但張芳榮從來都不會陷入情緒化的負面心境。他的核心信念是，任何的損失都不要計較，那可能只是「神明借去」，只要你行得正，日後神明會連本帶利將錢還你。

這樣的事適用在所有的情境，如今回想起來，東龍珠珠寶的創業過程，這二十多年來，也曾碰到很慘澹的時候，例如生意黯淡但卻每月要付出千萬的基本營運成本，有時候想想，張芳榮都會覺得自己這一路是怎麼撐過來的。

最可能的解答，就是這種光明的信念，當其他企業紛紛

被不景氣打敗，有的收攤有的遠赴他鄉，只有東龍珠珠寶，一直堅守在臺灣。

媽媽帶給他的「凡事往好處想」理念，對他影響真的很大。若錢遺失了，就說是神明暫時借走了；若碰到壞事，例如走路跌倒腿受傷了，這也可以往好的意思上解釋。媽媽會說：「原本你可能會碰到更大的災難，但現在只是跌倒受個傷就把那個劫難化解了。你說這划不划算呢？」

是啊！這世間每件事若都能這樣想，是否會減去很多煩惱？今天你很倒楣，開車在路上被警察攔下來開了紅單。你可以想：「搞不好本來繼續開可能會碰到車禍，但還好被警察事先攔下，這一耽擱，就避開了禍害，所以拿到紅單不要氣惱。」

生病或受傷也都可以往這方向想，身體本就是需要磨練的，要不是因為有這些病來訓練我們的身體，一旦發生大病，我們怎能承受得住？這就是一種韌性，因此張芳榮從來都不會被景氣不好所打敗。

因為他總是做好因應景氣黯淡的準備，他說，就好像大

自然也是這樣，夏天很熱可以去海邊玩，但一年四季都這樣好嗎？所以會有寒冷的冬天。

　　既然老天爺都可以這樣一年有不同的變化，做生意也不該指望月月都是旺季，總是做好準備，假定碰到景氣寒冬也要能因應，這才是好的企業應有的作為。

　　張芳榮經常會對員工內部訓練，他告訴大家：「我們來這裡工作，是要解決問題的，不是製造問題的。」

　　如果工作時碰到問題就大驚小怪，那麼這樣的人就算學歷再高，也需要多加操練。就張芳榮的經驗來看，很多以前在校的「好學生」，反倒出社會後，成就度較低。創業的人當中，許多都是當年的壞學生。

　　就算在職場上，如果相對平順的環境（如公家機關）也就罷了，但要是在民間競爭激烈狀況頻仍的企業，反倒是那些當年的壞學生比較有可能突破困境，爭取到工作上的進階成就。

　　為什麼呢？因為好學生從小就在掌聲中成長，他用功念書，被師長褒獎，久而久之，覺得自己優秀是應該的，反正

自己就是高人一等。凡事按部就班，依照專業就可以完成。

問題是，這世間哪有每件事都「按部就班」的？總有特殊狀況，總有突發事件，那個時候，完了，好學生就楞在原地了。或者工作上遇到不如意，被長官罵了，或是客戶不買單了怎麼辦？他們往往認為世界末日到了，從此一蹶不振，好學生變成一個落魄的薪水上班族。

反倒是壞學生，因為從小就很少接受掌聲，所以對生活不會有不切實際的期待，每一天都要腳踏實地的去做。碰到問題有什麼奇怪的？對他們來說，從小到大本來就是經常要設法絕處逢生，老師天天罵，罵出他們的厚臉皮，訓練出他們的實務經驗要比別人豐富。就這樣，明明起初是壞事，以結果論來說，卻變成是好事。

回想起神明以及媽媽的教誨：「碰到狀況不要擔心，最終會有好事發生的。」

張芳榮告誡員工，工作不要害怕困難，不要以為天天都會一帆風順，總是要做好準備，充實自己。碰到問題，就是要解決問題，這才是你工作的價值。東龍珠珠寶也以這樣的

態度，面對市場競爭，以及面對各種世代對產品的需求。

卓越是怎麼來的？就是這樣，不被困境打倒，一步一腳印走過來的。

以造福天下為己任

小時候，媽媽經常忙著幫人家解決事情。但她帶給張芳榮的教育是，當你懂得付出，不求回報，你自然會得到回報。就以張芳榮為例，他小時候走在路上，那些叔叔、伯伯都對他很親切，不是因為他特別可愛，而是因為媽媽經常助人，那些受到幫助的人，愛屋及烏，自然也對她的小孩願意特別照顧。

這培養張芳榮一種很高格局的思維，也奠定他後來想要透過教育來為國家培養人才的看法。他認為，當我願意為天下人的小孩盡心盡力，那終有一天我自己的小孩也會得到天下人的照顧。

也是抱著這樣的感恩心境，張芳榮總是很感恩自己的母親，因為母親帶給他大格局思維，包括要他換個角度想事

情，或者要他站在別人的角度想事情。張芳榮記得媽媽說：「今天你把媽媽想成是眾人的媽媽，你就不會心胸狹隘的只想每天黏著媽媽。」

同理，今天你試著以別人的角度想事情，你就不會總是站在立場，畫地自限。以這樣的精神，日後東龍珠珠寶創業後，張芳榮很少罵員工。

所謂做錯事，原因很多，但很少人是故意做錯事，一定是因為經驗不足，或一時失誤。當一個人做錯事，如果是因為方法錯誤，那麼你可以教他；如果是因為態度不對，你也可以開導他。

但若凡事都用罵的，並不能讓問題解決。張芳榮多年的經驗下來，認為人都是有情緒的，不喜歡被罵，任何人被罵，一定心情不佳，無法專心工作，到頭來影響的還不就是公司。以這樣的角度想，老闆們不該動輒責罵員工，因為那代表著你正在減損公司的營運績效。

生活中遇到任何事，包括汙衊我們的競爭者、無理取鬧的消費者，或者老是出包的員工，他還是那句話：「凡事往

正面想就對了。」

　　張芳榮說，人生有兩種貴人，一種是正向貴人，一種是負向貴人。正向貴人，就是直接幫助你，會帶給你人生指引的前輩；負向貴人，顧名思義，就是透過負面的方式刺激你成長的人。

　　要想想，為何有人要攻訐你？如果你是默默無聞的小咖，人家才懶得攻訐你呢！就是因為你有一定的實力，他害怕了，所以他才攻訐你。當你這樣想，就知道這些負面貴人正是一面面鏡子，照出你的成長，你要感謝他。

　　公司裡出狀況，有些員工就是讓你氣得半死，你要恨這些無能的員工嗎？不！你還是要感謝他們。

　　還記得前面說過的例子嗎？小時候曾經跌倒受傷，那可能代表著避掉更大的災害，有時候企業經營也是這樣。身為老闆，你希望公司發展到很大或者接到一筆史上最大的訂單時，才出現一個很大的錯誤，還是在發展過程中就透過小錯累積經驗？當公司變大時發生的錯誤，輕則重傷公司商譽，重則讓公司倒閉。就曾有很多這樣的例子，企業出了大錯，

損失上億。

　　東龍珠珠寶在成長期，也曾發生一些小錯，但每次錯誤後，張芳榮覺得與其重責員工，還不如讓他們記取教訓，避免日後犯更大的錯。

　　創業初期幾年，曾有一次公司印名片，結果印刷廠送來的名片，表面上看起來美觀大方，實際上卻因為印錯一個數字，整盒名片要作廢。這怎麼辦？名片印錯印刷廠該負責嗎？但印刷廠說，當初有把校稿給承辦小姐看，承辦小姐說沒問題。那麼是承辦小姐的錯嗎？她心裡也感到委屈，因為她手頭上的事情很多，當初因為信任朋友，知道她在印刷廠服務，所以把案子給她的印刷廠，明明就已附上正確資料了，是印刷廠自己打錯字。

　　那麼，兩方都沒錯，難道是老闆的錯？無論如何，現在名片印好要付款了，這筆錢要付還是不付？

　　如果以現實的角度，大家可能彼此爭辯。老闆如果說：「你們印錯了，我不付這筆錢。」印刷廠也不可能為這筆小錢去打官司，只會懷恨在心，在外地散播公司的壞話。原本

彼此是朋友，承辦小姐也會和印刷廠朋友鬧翻。而公司雖然沒花錢，但名片仍要印，過程也不愉快。

那時張芳榮的作法是，他不責罵承辦小姐，也不對印刷廠興師問罪。他直接跟印刷廠表示：「錯誤都已發生了，再吵也沒用。沒關係，損失我來吸收，請印刷廠再幫我們印一次，這回算便宜一點。」

當老闆這樣說時，反倒印刷廠不好意思起來，印刷廠老闆親自過來說：「這怎能讓張老闆破費？我們自己疏失，耽誤了老闆時間，我們再印一次不收錢。」

承辦小姐也說，這是她的錯，與朋友無關，她可以從自己薪水扣，她願意對這件事負責。最後張芳榮還是堅持第一次的錢照付，再印一次，後來這家印刷廠成為公司長期合作夥伴，再也沒出過任何錯。那位承辦小姐做事情也變得很仔細，不會再有不檢查仔細就讓事情結案的事發生，現在也成為資深主管。

這告訴我們什麼道理？這世間人與人是一個互動的圈圈，當你凡事計較，那麼大家就會變成「你我他」，人人採

取防衛態度，要分你的、我的、他的。但當任何一個人願意放棄己見，以更高格局來想事情時，那麼大家的心境頓時變成「我們」，本來是「你」的事，現在變成「我們」的事，那是多大的力量啊！

以這樣的教育態度，在公司裡，如果業務部在外開發生意，製造部卻認為業績好不好是「你家的事」，那公司會如何？反過來，如果製造部想的是怎樣讓業務部推動商品更順利？如何設計出更好的樣品讓業務部帶出去？

同理，老闆會想：「員工還有家人，不要一次接那麼多工作讓他們加班，這樣他們家庭處不好，工作也不會順利。」

員工則會想：「老闆對我這麼好，我要怎樣回饋他？最好的方式，當然是讓自己工作更精進，帶來更好的成果，讓公司可以有更高的營業額。」

張芳榮認為，一心為自己著想的人，反倒最後連自己都顧不好；一心為眾人著想的人，不只顧到眾人，最終也會顧到自己。不論對客戶、對消費者，都秉持著這樣的心態，這也是東龍珠珠寶二十幾年來建立起專業信譽的核心價值。

第三部
深耕茁壯

第五章　宏圖偉業

這是最壞的時代，也是最好的時代。

說是最壞的時代，因為全球化時代興起後，整個地球變成世界村，競爭更加劇烈。曾經被稱為亞洲四小龍的臺灣，經濟情況雖不至於節節敗退，但也已是明顯的力不從心。說是最好的時代，因為當面對最嚴苛的全球化考驗後，真正有實力的廠家才會脫穎而出。

東龍珠珠寶，一路從傳統的金工產業走來，如今朝品牌化邁進，長長的二十多年奮鬥史，張芳榮打拚出另一個臺灣之光。

在深入認識珠寶學問前，先帶領大家認識東龍珠珠寶。

🔹 創建東龍珠珠寶

提起珠寶，可能第一個聯想到的是豪門之家，或者至少也是商業世家。特別是身為臺灣本土品牌的第一把交椅，這樣的珠寶企業應該是世代傳承，家中人人都是從小穿金戴銀長大的吧？

但如同前面所說，東龍珠珠寶創立於鶯歌，直到今天，門面都仍是樸實無華。至於創辦人張芳榮，更是平凡鄉下環境中長大，甚至在二十歲前，他都沒有實地接觸過珠寶。他只是個平凡的技職學校孩子，念的是建築設計科，平日就喜歡畫畫。在學校當然要畫建築設計圖，但那時他就已愛畫些想像的珠寶飾品設計。

當然，那年代臺灣連珠寶這個產業都還沒有起來，更別說以這為職業的想法了。少年時期的張芳榮，就只是個愛在畫筆下築夢的年輕人。

畢業後要去當兵。這時候神明又要出場了，他去問神明，我當兵會順利嗎？神明的回答是：「安啦！一定是順利的兩年兵。」那年代當兵有分兩年兵及三年兵，一切依照抽

籤決定。問完神明後，內心覺得沒問題，不料一抽籤，啊！竟然是人稱的籤王，要去金門當三年兵。

算了！張芳榮心想：「我也那麼大了，神明的事姑且信之，人生仍要靠自己努力，三年兵就三年兵吧！」

但還真是世事難料，張芳榮出生的那年和前一年，分別是蛇年和龍年，正好是臺灣有史以來新生嬰兒最多的兩年，那批嬰兒潮此時都已來到當兵的年紀，因為當兵的兵源實在太多了，國防部罕見下令減少役男的服役期，後來張芳榮還真的就只當兩年兵，如同神明所料。

退伍回臺後的隔天，張芳榮完全沒休息就開始工作了。做什麼呢？原來家裡已經聘了一位金工師傅，他當下就要拜師學藝了。為什麼那麼快就有師傅呢？原來張芳榮服兵役的地方是在金門，那兒與臺灣遠隔重洋，回家不易，他平日沒地方跑，只能看著海邊發呆。就在那時，張芳榮認真的思考未來，加上在軍中遇到的前輩指引，他確定自己想要走金工及設計的路。

於是尚未退伍前張芳榮，寫了封信回家跟父母說他的想

法，剛好親戚中有一個金工技藝不錯，靠著獨立工作室承接
銀樓專案維生，家裡就聘請那位親戚來當張芳榮的師傅。

　　那年是 1987 年，不只臺灣的珠寶業尚未興盛，就連美
國那時技術也都還停留在蠟模的階段，沒有液態銀，也沒有
黏土銀。當時張芳榮和師傅學的，也以傳統的做工為主，學
金屬拉坯、鑲嵌磨撮……等等。那時的鑄模也不像現代這麼
高科技，當年鑄模只用在純金領域，至於 K 金鑄模，當時還
沒有普及。

　　學了一年打下基礎後，剛巧在美國有親戚為了見世面，
張芳榮就帶著家人的祝福飛到美國依親。

　　其實過往以來，張芳榮不知道已經和神明問過幾次有關
生涯的問題。他總是問神明：「我將來應該做什麼好呢？」
神明總是回答：「你想做什麼，就放手去做吧！」

　　張芳榮抗議，這樣有回答等於沒回答，執意要問，神明
還是不給他答案。後來張芳榮創業有成後，回想這一段，他
覺得神明是對的，就好像我們去看電影，如果一開始人家就
把劇情都講好給你聽，那看電影就沒意思了。人生也是這

樣，要靠自己一步步摸索，只要不誤入歧途，神明不會干涉你的。

　　話題再回到美國，當年張芳榮去到美國，已經學過一年金工技藝的他，身在異鄉內心仍是茫然的。他先是試著去念書，畢竟他當時拿的是觀光簽證，後來拿的是學生簽證。但很快他就發現，他真的對念書沒興趣，之後他開始找工作，去到一家珠寶公司，也正是在這個時期，他才真正開始接觸珠寶實務。

　　由於擁有一技之長，當時張芳榮的技藝在那家公司很吃香。公司為了這個人才，也幫他辦了工作簽證。自此，張芳榮對於珠寶可以說是從零開始學習，整整五年的時間，他認真從事，陪著主管參與各個珠寶商展，五年間去遍了美國四十個州。

　　當時整個世界經濟正在起飛，臺灣更是錢淹腳目的時代，珠寶作為一種生活中重要的象徵，變得越來越重要。也就是說，隨著時代轉變，有越來越多人買得起珠寶了。

　　張芳榮在全美馬不停蹄的一方面接洽新業務，一方面也

持續學習成長。五年是個不短的時間，張芳榮本身有著傳統金工手藝的底子，在美國又有那麼長的時間天天接觸珠寶。

此外，他也因此結識了很多人脈，當時認識的朋友，大部分都成為張芳榮一輩子的朋友，隨著那些人的持續成長，有的從小業務變成自營商，有的從珠寶零售商變成大盤商，這些都是張芳榮一生珍貴的人脈資源，也是後來東龍珠珠寶奠基的重要關鍵。

從 1987 到 1992 年這段期間，張芳榮在美國從基礎打起，已經成為一位真正的珠寶專家。當年他回到臺灣時，已經是全臺數一數二懂珠寶的人，回臺後，在一次活動場合認識了現在的張夫人，從此決心回歸故鄉，在自己的土地上發展事業。

就在結婚後不久，張芳榮拿出 50 萬元的積蓄，加上向農會貸款的 450 萬元，就在鶯歌老家原來的地址，一樓還是中草藥行，二樓以上變成廠房，正式創業。剛開始只是個人工作室性質，幫忙代工以及做裸石貿易，員工只有張芳榮和他的夫人，之後隨著事業越來越蓬勃，他才正式登記公

司。東龍珠珠寶公司就此創立，那年張芳榮 29 歲。

🔹 東龍珠珠寶以及臺灣珠寶發展史

可以說，翻開東龍珠珠寶史，就等於翻開臺灣的珠寶發展史。的確，張芳榮見證了臺灣珠寶產業由極盛到衰微。日後他還立志，要在他的手上，讓珠寶這個產業成為臺灣的特色產業，讓臺灣珠寶產業再由衰微變成興盛。

來看看東龍珠珠寶發展史吧！

正式創業那年是 1993 年，資本額雖只有 500 萬元，但過往憑著張芳榮的義氣以及讓人信任的個性，他結交了很多朋友，包括幾位重要的鑽石供應商。

也因此，張芳榮的資源還包括市值高達兩億的鑽石庫存，在朋友授權下，他可以動用那些鑽石，售出後再結帳，為期兩年。這是創業初期非常重要的資源，讓張芳榮可以放手去做。

最原始的作業模式，當然就是把美國那一套搬來，初期以買賣為主，再逐步增加設計商品的比例。在美國的時候，

張芳榮跑遍 40 州，回到臺灣，他同樣也是全省走透透。

　　現在回想起來，那年代很多事都還很克難。以證照來說，張芳榮當然有著頂尖的專業，但證照也是回臺後找時間進修考試補上的，和張芳榮同樣情況的人也很多，畢竟那是臺灣珠寶產業剛剛興起的年代，當年張芳榮的同學，如今許多也已是珠寶界的名人了。

　　學成拿到證照後，由於臺灣當年嚴重缺師資，像張芳榮這樣的人才，國家當然要抓牢，因此他也是臺灣「GIC 珠寶鑑定師課程」最早的教師之一，曾經教了三年書，後來因為自己的事業越來越發展，張芳榮才辭去這個教師的職位。

　　在珠寶設計上，當時比較缺原料，因為直到西元 2000 年前，臺灣的黃金都還被列管，要加入銀樓公會才能買賣黃金。有時候黃金缺料，還必須透過黑市來買。

　　不論如何，隨著臺灣經濟起飛，人民也越來越有餘裕來添購珠寶。張芳榮回來臺灣創業的時候，適逢臺灣第一波經濟起飛期間，之後到了 1996 年 1997 年是第二波。那時候可以說全民皆是股民，人人的心情隨著股票上上下下，錢淹

腳目了，市場需求更大。

　　那時東龍珠珠寶也陸續增聘人手，建置各種部門。隨著公司擴大，也增加了新的辦公據點。但做為創業根據地的鶯歌這棟老宅，直到今天依然是公司的總部。

　　回憶這幾年的事業發展，最早當然還是以外銷生產設計代工為主，也就是承接來自銀樓、國外母公司鑽石商，以及開發珠寶公司的訂單，逐步累積經驗和名聲。在貿易興榮的年代，東龍珠珠寶也承接了許多的零配件加工飾品。

　　然而臺灣的經濟火紅到了 2000 年，榮景不再。那年全世界經濟最大的一件新聞焦點，就是中國的崛起。

　　剛開始還被稱做是醒獅，被各大媒體形容中國實力即將「追上世界各國」，不料中國興起的速度快到超越各項預測的想像，很短的時間內，中國經濟不但已遠遠超越臺灣，也已是世界數一數二的經濟大國。

　　但在那之前，仍有一段成長期，也就是從 2000 年開始的那幾年，中國成長了，相對的，臺灣的產業就倒楣了。那是段黑暗的歲月，大陸企業非常擅於削價競爭。反正人工成

本低，品質只要過得去就好。

　　特別是對於美國市場來說，美國當時的需求以低價為主力，品質則列為其次，因此那時候美國大量的訂單就轉到中國去。

　　一下子喪失美國這樣大的市場，臺灣許多珠寶企業當年立刻陷入愁雲慘霧。東龍珠珠寶憑著專業的技術以及遍及各國的人脈，受到的影響比較小，但當時營業額也受到重挫。

　　從那時開始，臺灣的珠寶產業進入寒冬，廠商一家接著一家，不是歇業就是遠赴大陸。

　　張芳榮記得，2004 年是個高峰期，那年連當時全臺灣規模最大的珠寶公司都決定轉換戰場，將整個事業移到深圳。後來因為投資時機沒抓好，加上資金調度問題，一家曾經非常興旺的企業，竟然就這樣黯然退場。

　　同一時間，張芳榮秉持著從小到大培養的信念，他有強大的韌性，碰到挫折也不會退縮，總是樂觀面對。情況最慘的時候，他仍善待員工，不曾犧牲員工的福利。靠著不斷開發新市場找尋活路，一年年撐過來。

終於，來到 2008 年，那是東龍珠珠寶發展史上的一個契機。

2008 年發生什麼事了呢？那年一件影響深遠的大事，對許多人來說是場夢魘，那就是「雷曼兄弟風波」，影響所及，許多的國家經濟重摔，臺灣也不例外。

到了 2009 年，臺灣流行的一個新術語，叫做「無薪假」，百業蕭條，人人喊苦。但為何反倒這時候是珠寶業的契機呢？原因也是出在中國。

原來雷曼風暴影響全世界大部分國家，但卻剛好沒傷到中國。也就是說，當世界各國經濟衰退時，中國卻反而口袋響叮噹，也就是在那幾年，中國的商業勢力大幅崛起，在世界各國大肆購併，成為真正的經濟大國。

既然成為經濟大國，美國對中國也不客氣了，既然是大國，那麼幣值必須升值了吧！於是美國逼中國人民幣必須升值。因應這種情況，中國做了一個影響數千萬外商的決定──2009 年，中國新的勞動基準法上路。

一夕間，許多企業選擇退出中國市場。為什麼呢？因為

原本中國的一大優勢就是勞工低廉，但隨著中國經濟起飛，這項成本優勢已經逐漸沒落，中國勞工薪資越來越高，已讓外商逐漸感到壓力，然而新的勞動基準法上路，更是投下震撼彈，讓所有外商公司的勞工成本一下子多了一倍半。

以臺灣這端來看，那時中國的勞工工資水平已經和臺灣一樣，在大陸設廠已經少了許多優勢，許多廠商紛紛再次轉移陣地到東南亞等地方去。

到了這時候，苦撐多年的東龍珠珠寶，終於等到優勢時代來臨。過往面對中國，競爭者最大的優勢就是成本低，他們可以低價競爭。如今中國的成本上升了，雙方打平，看的就是基本的專業技術。

在這一方面，東龍珠珠寶很有把握可以遙遙領先，也因此，到了這一年，東龍珠珠寶成為兩岸三地最有實力的珠寶公司。

張芳榮說，許多產業都是這樣，基本條件好，那是應該的，雙方競爭比實力，比到後來，多數項目都實力相當，就只剩最後 10% 的關鍵差距，那就是專業技術。

到了這樣的時候，東龍珠珠寶看時機成熟，也在 2015 年推出了自有品牌，以「Brilliantia」行銷亞洲及歐美。這個品牌其實已經醞釀八年，這些年，張芳榮已經陸續在世界各國為這品牌申請專利。

　　現在時機成熟，品牌推出，搭配上張芳榮百年教育——金藝求精計畫，東龍珠珠寶的新時代真正來臨。

第六章　百年大計

　　學生時代功課不好的人，就代表一輩子沒出息嗎？這世界多的是反證的例子。

　　許多創業家不但大學沒畢業，甚至連高中文憑都沒有。香港首富李嘉誠 12 歲就輟學，17 歲已經創業了；而日本經營之神松下幸之助，小學一畢業就去當學徒，後來創立了松下電器；而在國內，2017 年名列臺灣首富的旺旺集團蔡衍明先生，他只有高中肄業，而另一位知名的首富郭台銘先生，也只是海專畢業。

　　當然這裡不是鼓吹學歷無用論，不同的專業一定有其價值。但做為臺灣的珠寶界的權威，張芳榮所要強調的是，每個人的資質不同，有的人愛讀書，對研究有興趣，能夠讀到

碩、博士，只要能變成國家人才，那是件好事。但很多人不愛讀書，卻有著其他天賦，又何必一定硬要被嵌入國家填鴨式的升學教育體系呢？

　　例如珠寶設計這行需要許多專業，懂國際趨勢擁有專業設計背景的人，東龍珠很需要，但基礎的金工技術，更是難能可貴，然而這樣的人才要到哪找呢？

　　當多數人都將眼光放在高學歷時，張芳榮卻憂心忡忡基礎的技術人才會有斷層。也因此，他從十多年前開始就用心規畫技職教育百年大計，希望讓臺灣未來能走出自己的專業之路。

技藝要從小開始關注

　　說起成績不好，東龍珠珠寶創辦人張芳榮坦言，他也是傳統觀念裡，被認為是「不會讀書」的小孩。

　　然而就以珠寶設計這領域來說，如果大家都去當「會念書」的小孩，人人都想取得大學及碩、博士文憑，都想穿西裝、打領帶坐辦公室吹冷氣，那誰去學習那些需要勞動雙

手、站在第一線接觸技藝工作的事？

　　美麗的珠寶只是成品，背後需要金工電焊等專業師傅。少了基礎的實力，只想做高端設計，那就像是無根的玫瑰，看起來美麗，卻無法長久。

　　很有遠見的張芳榮，在 2000 年以前就已經注意到基層技職這塊領域的重要，那時大陸經濟崛起，臺灣廠商逐漸失去競爭力。但就算在景氣最低迷的時候，張芳榮都堅守原則，要讓公司在臺灣屹立不搖，張芳榮所賴以為支柱的基本實力，就是「技術力」。

　　每年各個大專院校都有上千名的設計師畢業，但懂金工的人才卻難以尋覓。東龍珠珠寶從創業伊始就非常重視師傅的培養，知道「人才」方是珠寶工業的無價之寶。

　　到 2014 年以後，過往轉赴大陸的珠寶廠商都感受到龐大的人事成本壓力，想要回到臺灣。但想要維持競爭力，卻因為少了人才而無從著力。這時，人們才知道東龍珠珠寶是如此有遠見，畢竟人才才是最寶貴的。

　　然而，技藝需要傳承，人才需要銜接。當年和張榮芳一

起創業的老臣們，現在仍是中壯年，但十年、二十年過後呢？公司還是需要人才。有鑑於此，創辦人張芳榮很早就開始尋覓人才。

他發現，臺灣不是沒人才，只不過擁有天賦的人，在學習力最強的時候，卻因傳統教育制度一味鼓勵升學，而被迫要走死K書拿大學文憑的路。

這樣的人後來會有兩種發展，一種是因為國、英、數能力差，考試成績總是不好，最終只能隨便選個學校念，內心總是鬱鬱寡歡；另一種是靠硬背，勉強一路考上大學，但本身的專長在學生時代已經放棄，後來學的科目並非自己真正的專長，乃至於畢業後學非所用。張芳榮常常感嘆，這樣子真的是浪費國家資源。

可不是嗎？國家培養一個孩子，從小學一路念到大學，中間耗費父母多少金錢，以及多少的教育資源，結果教出一個個徒有文憑卻沒有一技之長的青年。每年一到畢業季，都有一堆學生哀嘆著「畢業即失業」，同時間卻又有許多的企業，哀嘆著公司找不到專業技術人才。

　　這是一個非常嚴重的問題，嚴重到整個臺灣的經濟實力就這樣被一年年浪費。張芳榮很清楚，臺灣面臨少子化問題以及環球化競爭劇烈問題，再這樣蹉跎下去，他對臺灣的未來非常擔憂。

　　然而與其坐著擔憂，不如起來行動，既然國家不做，張芳榮決定自己來做。他要從零開始，靠著溝通，一間間學校談起，要來打造他的技職培訓夢。

　　張芳榮的基礎觀念是這樣的：每個人都有天賦的專長，有的人會讀書，適合去讀研究所；有的人愛唱歌，可以朝演藝圈發展。至於各行各業的基礎技術，也有很多孩子從小就已經發展出這方面的興趣。例如有的愛敲敲打打，對機械有興趣；有的人愛縫縫補補，對家政有興趣。

　　大部分時候，這些興趣在十幾歲前就已經可以看出端倪，大約國中時，很多人都已經知道自己的職業性向。然而若等到高一才投入技職，甚或大學時候才開始投入，那往往已經太晚了。

　　如同張芳榮所知道的，許多人大學考上電機系或各種牽

涉到技術的科系，但因為缺少了實務基礎，往往畢業後只懂理論，不懂第一線實務。但反過來說，在高職時代從事過第一線實務的人卻又通常「不會考試」，在臺灣，高職畢業的人眾所皆知，很少有人考上好的大學。

雖然如今臺灣的大學院校太多，即便如此，真正專業的大學，那些職校體系出身的人，也是很難入學的。

這是很奇怪的現象，一項專業技術需要理論，也需要實務。現在卻變成會理論的不懂實務，會實務的無法進修理論，這真的是很錯誤的教育作法。

張芳榮以一己之力，無法兼顧所有的技職，但他希望以他熟悉的領域做基礎，由他來帶頭示範，藉以拋磚引玉，啟動國人對技職的關心。張芳榮的作法是，針對他最熟悉的領域，從國中時期就深入校園，尋覓及培育金工基礎人才。

這是件需要長期投入的工作，畢竟國中就開始學習的孩子，至少要等到十年後，才會真正投入社會。

這樣的「投資」看起來很不划算，但如同從小接受的教誨，張芳榮做事以大眾的利益著眼，不是為一己之私。他無

怨無悔投入技職教育，而他的影響力已經開始啟動。

奠定國家長遠未來的事業

經過了幾年的奔走溝通，從 2014 年起，張芳榮的百年大計開始逐一落實。剛開始只在東龍珠珠寶所在的鶯歌地區，之後要逐步朝新北市及桃園發展，一步一腳印，播下技職教育的種子。

張芳榮總說，我們看一件事情，不要只看眼前，要看到他未來的發展。就好像農人想要一株玉米，這玉米是隨處都有的嗎？當然是年前先播下了種子，並且在適當的土地上種植才有。

世界頂尖企業如果碰到需求才生產，那企業早就倒了。像鴻海及台積電等企業，今年投資的都是為了往後數年的願景著想，當消費者使用某一個產品的時候，企業早已經將焦點關注在五年後的市場需求。

教育也是如此，張芳榮希望有朝一日臺灣可以成為亞洲技職大國，臺灣的珠寶產業可以成為世界的龍頭。

但這樣的事靠立志就可以成事嗎？當然不是，需要長遠的播種。當我們要擁有世界頂尖的珠寶產業，人才要從哪裡來？絕對不是從如今教育體制下的大學畢業生去找，而是要找「從小就培養起來」的真正專家。

　　就好像參加奧運比賽，選手們都是怎樣培訓出來的？絕對不是大學時期才開始訓練，也不是高中時期才訓練，多半時候，那些得到奧運金牌的人，都是從小就打下基礎。例如游泳金牌選手，哪一個不是從幼年時期就開始訓練？

　　做為珠寶產業的基礎，金工師傅也是要這樣培養。張芳榮創立的「金藝求精計畫」，就是作為技職產業類比奧運培訓的前身，這只是一個做為學生挑戰的目標。

　　但比賽要有選手啊！選手從哪裡來呢？張芳榮從 2015 年起，帶著公司的資深師傅們深入校園。他的作法是，在國一的時候就幫學生做性向測驗，如果有人很明顯的對金工有興趣，張芳榮就鼓勵他們來參加校內的技職教育課程。

　　這樣的課只在每周選一個晚間上課，真正有興趣的同學，會在這個課程中，經由真正專業師傅的培訓，真正了解

金工的奧妙。而若學習過程中發現自己不是真的有興趣，也不妨礙他們的課業，因為這門培訓是課後額外開設的，正常教育部規定的課表仍繼續實施。

這樣做有什麼好處？

一個國中生如果透過這樣的過程，發現自己對金工的熱愛，那麼不用等到高中，他在國中時期就可以打下基礎。之後透過一條龍式的教育，這樣的學生可以先被推甄上相關的技職體系，並且一路繼續往上，還可以保薦科技大學，甚至若要再往上提升，也可以念到研究所。

誰說技職高手不能念大學？誰說技職專業，無法念到碩、博士？透過一條龍式的培訓，這樣訓練出來的人才是真正的人才。

為什麼呢？這樣的人，在國中時期就打下了金工的基礎，到了高職讓技藝更精進。有了這樣的實力再去念大學，所有的理論都能得到驗證，這樣的人才就叫做「理論與實務」兼顧。

以金工專業來說，到了大學時期，以金工作基礎，接著

再讀珠寶學、設計學，就能如魚得水，更加深學習透徹。因此，孕育出來的人才就不是象牙塔出身的書呆子，而是格局不同的專才。

試想，一個一路從考試念到大學的人，大學時期才念設計，僅憑那幾年功力，不懂金工，就想要成為珠寶設計大師？那做出來的作品，就是典型的閉門造車。

相對來說，懂金工出身的人，設計珠寶時，腦海中可以清楚想像珠寶製作過程會遭遇的狀況，設計出來的作品，絕非只是紙上談兵，這才是國家需要的人才。

張芳榮立定他的百年大計。也和政府公部門的技職司做了溝通，獲得一定的支持，他從鶯歌在地的學校開始落實。目前在鶯歌已有三所國中的校長全力支持張芳榮的理念，正式開辦國中的技職課輔學程。之後的一條龍計畫，張芳榮也都規畫好了。包括鶯歌當地的鶯歌高職已經參與這項計畫，其他職校也多表達興趣。

再往上的道路，包括結合清大、輔大、臺藝大等等，也都已洽談有了共識，也就是說，一個孩子若真的對金工有興

趣，那麼他可以從國中開始就接受培訓，只要過程中真的認真從事，真的用心研習，就可以用保障名額讓他念到大學。

這道理其實就跟籃球國手、田徑國手可以保薦大學一樣，因為一個孩子，可能對國、英、數沒興趣，或是可能不擅於考試，但他是天生的金工高手啊！那麼就不必依循傳統的考試制度，便能修習更高的學問。

這是為國家培育人才的計畫，而且不是紙上的企畫，而是真正的現在進行式。張芳榮從 2014 年起已開始執行，雖然還在實驗階段，剛開始只在新北市幾個地方執行，但他已經播下了技職的種子，將來必會開花結果。

屆時，不僅僅國家的金工會有專業的人才，這種「張芳榮模式」也將可以被其他專業採用，利用汽車鈑金、空調電機、船舶機械，統統都可以比照這個模式，在孩子國中時期就開始培育人才。

這是有遠見的計畫，這是張芳榮的百年大計。而且張芳榮的格局還要更大，他知道教育是國家發展的命脈，所謂「十年樹木，百年樹人」，他相信只要這樣的觀念落實，不

出幾年，臺灣就會變成「實力取向」的經濟大國。

靠著基礎深厚的各項技藝，臺灣再也不用擔心失去競爭力，因為各個國家都可以廣開大學院校，發出千萬張文憑，但他們卻無法憑空生出有基礎底子的專業技藝人才。

張芳榮說，未來的世界裡，現在許多靠文憑取得的工作，都可能會被淘汰。

銀行職員看起來很體面？但「Fintech」已經逐步在淘汰金融業人員；半導體科技業很風光？其實大部分工作已經可以被機器人取代。

勞力密集工業會被機器取代，腦力工作又何嘗沒有危險？那些所謂的金融理財大師，再怎麼聰明也比不上新時代的電腦科技。

在未來新時代，什麼人不會被淘汰？擁有專業技能的人不會被淘汰。

就以木雕來說，雕刻的確可以用機器來做，但做得出師傅的雕工嗎？做得出師傅的感情嗎？同理，珠寶設計是非常精緻的工藝，雖然許多環結可以靠機器加速，但整體的設計

及製作，還是要靠「人」來執行。

　　張芳榮可以肯定的說，選擇金工技職，一輩子不愁失業。百年大計已經啟動，接著讓我們一起認識東龍珠珠寶的經營哲學。

第四部

基業長青

第七章　事業的抉擇

　　這世界有幾個面向？傳統觀念認知是有三維面向，也就是立體空間長、寬、高的概念。然而從古到今，能夠闖出一番事業的人，他們的事業觀以及世界觀，絕不是只有三維面向，而是四維面向，必須把「時間」的因素加入，才能真有成就。具體而言，就是做事業不能只看現在，還要看長遠的未來。

　　最好的例子是曾經有一個時期非常流行蛋塔，當大家看到有錢可賺，便一窩蜂想進來分食這塊大餅，進原料、買設備、打造蛋塔品牌……等等。努力有錯嗎？拚事業有錯嗎？這些商人都是很積極進取的人，然而許多人的下場卻是慘賠，因為他們只看到了「當下」，卻忽略了「未來」。

東龍珠珠寶創辦人張芳榮覺得，日常生活中，懂得如何
活在當下是很重要的，但以做事業的角度，他從來不會只看
眼前，只有站在四維的角度視野，公司才能存活。

勇敢放棄既的利益

有個大家耳熟能詳的寓言：

一隻老鼠爬到糖罐裡，進去容易，出來卻因為肚子塞飽
飽的，加上兩手都抓滿糖而出不來。其實只要放下手上的
糖，老鼠就可以逃出了，但因為牠貪心不願意放手，最終當
然就被人抓去宰殺了。

貪心是人之常情，商人如果不貪心，怎能去追求更高的
利潤？只要過程合法，不做傷天害理的事，商人賺錢本來就
是天經地義的。只不過什麼時候該賺，什麼時候該放手，你
分得出來嗎？

1993 年，張芳榮在鶯歌創立了東龍珠珠寶。創業的過
程如同大部分企業一樣，從可以立足站穩開始做起，之後一
路由「小企業」拓展成「小而精企業」，接著是「小而精而

美」企業，然後逐步在拓展為中型企業，由小公司朝大公司發展。

做事業有一件很重要的事，就是不要食古不化。在小公司階段最適合的模式，到了小而精階段可能就不適合，發展到中型企業後又要改變模式。問題是，你知道什麼時候該轉換模式嗎？據張芳榮的觀察，很多的企業，敗就敗在這裡，這就是俗話常說的「要轉型」。

最早時候，張芳榮的利基有兩個，第一當然是他的珠寶專業，第二是當時大環境的優勢。那時候人稱「臺灣錢淹腳目」，從前人們不時興買珠寶，但那年卻因臺灣人口袋「麥克麥克」起來，珠寶市場誕生了。也就是在那一年，張芳榮看準時機，決定回臺創業。

公司草創時期，員工只有兩個人，就是張芳榮和他太太。一個人身兼業務、設計及製作，張芳榮整天提著皮箱南北奔走，那時候雖然才剛創業，但張芳榮已經預見未來會發生的兩大問題：

一、人力問題

現在張芳榮自己一個人東奔西跑，但一個人的體力有限，就算不用睡覺，一天二十四小時都在跑事業，這樣子能賺多少錢？但若要請人，辛苦賺來的錢要變成人力成本，這樣划算嗎？

二、品質問題

珠寶也有品質高低，暫不提珠寶原石的價位有差，就算是同一顆石頭，若設計不佳、鑲工不佳，品質差距還是很大的。但所謂一分錢一分貨，要有好品質，就要有更多投資。那資金哪裡來？

這是所有創業人都會面對的問題，但對珠寶產業來說卻更加敏感，因為珠寶本身有很多腦力及技藝成分，況且珠寶不是一般消費品，不消費則已，一消費就是高單價。這時候若搞砸品牌，將帶來很嚴重的後續影響。

因此，張芳榮雖然剛回國，但憑著專業加上大環境潮

流，東龍珠珠寶第一年就可以站穩營運，但在張芳榮心中，卻始終煩惱著未來的發展。

第一個事業大抉擇，就是將公司由內需導向轉為外銷導向。這是個很重要的抉擇，當年張芳榮若是沒有做這個抉擇，那麼今天可能就不一定有東龍珠珠寶這家公司的存在。

有人說，為何要抉擇？兩個都做不就好了？為何不能同時內銷又同時外銷呢？這就好比是問一個年輕人，他說他喜歡理工，也喜歡商業，那可以兩個都學嗎？當然可以，只不過時間要拉長，要以青春做賭注來學習。

但做生意不能時間拉長，不能什麼都想要。什麼都賣的人，往往落到什麼都賣不好。做為一個新創企業，東龍珠珠寶當年面臨的抉擇，就是只能資源專注在一個主力的抉擇。即便二十年後的今天，東龍珠珠寶已經累積一定實力，張芳榮董事長也同樣要做抉擇，他可以同時做內銷和外銷，但資源比例分配上，一定仍須有所取捨。

回到 1995 年，那時東龍珠珠寶已經創業兩年，當初朋友願意信任他，提供他兩億的珠寶供應貨源的期限也到了。

這時候，也正是他要大膽做抉擇的時候，他在那年做了很大膽的決定，張芳榮竟然選擇放棄當下90％的市場，朝另一個市場邁進。

這是很了不起的，他願意放下當年手上的既得利益，勇敢開創一個新的市場。這情形就好比一個人年薪幾百萬卻辭職去創業，或者當年佛陀捨棄榮華富貴去追求另一種人生體悟，是一樣的情形。

這個抉擇包含兩部分，就是張芳榮決定讓東龍珠珠寶由一個珠寶買賣經營商，變成一個品牌自營商；同時讓東龍珠珠寶由本土的經銷商，變成海外市場拓展為主的供應商。

🔵 面對不同族群客戶

人們在看到一件事的成功時，可能會覺得理所當然，但若設身處地讓自己處在當年那個做決策者的狀態，可能就沒那麼容易了。

先來看看1990年代，臺灣的珠寶經營模式。在還沒開始做自有品牌前，以現在眼光來看，張芳榮其實就是一個跑

單幫的小商人。他提著皮箱及樣品，全臺灣到處跑，有人訂貨就供貨，他沒有自己的工廠，公司也只是在自己鶯歌老家克難的辦公室。

但克難歸克難，張芳榮就這樣拎著皮箱跑展覽，跑出做生意的第一桶金。在那時他就已經發現，臺灣的市場太小了，那時的訂單常常是一次買一個、兩個，還有人透過郵購做買賣。

最早，張芳榮是以買賣裸石為主，畢竟那是他的優勢之一，他背後有兩億的珠寶供應支撐他強銷市場。然而，市場的屬性逼得他必須做更多的服務，因為若以直銷給消費者來說，消費者通常不會單單只買裸石，因為裸石不能佩戴，必須要設計並加工成珠寶首飾才行。

這個部分由誰來做呢？消費者不敢找其他人，害怕過程中珠寶被掉包，因此通常還是會找原本裸石的銷售人。也就是張芳榮不賣則已，一賣就必須整個負責從裸石到成品的整個流程。

這看起來很不錯，因為你不只賣裸石，還賺到後面的生

意，但實際上卻是個煩惱。張芳榮已經身兼業務及設計了，若把時間花在金工上，那他將沒有時間去推廣業務。

為此，他只好開始招聘一、兩個人員，開始培訓師傅。這些師傅上手後，就能夠承接張芳榮開拓業務找來的訂單，然後再用最傳統的方式，一個師傅從頭包到尾，將一個裸石結合貴金屬變成珠寶。

如今東龍珠珠寶是臺灣本土最大的一條龍珠寶品牌，但其實一條龍的模式早在 1990 年代臺灣珠寶業興起時期就有了，只不過當年的「一條龍」概念和現在是完全不同的。

現在的東龍珠珠寶，擁有自己的專業設備及人才，可以將珠寶從最開始的原石選購，之後包含設計、製模、鑄造、鑲嵌、銷售以及售後服務，全部都做到好。但在當年，所謂一條龍則是指師傅「一個人」，承接一個珠寶案，張芳榮把原石給他，師傅一個人獨立做出珠寶成品。

現在的一條龍，同一個設計款式一天可以生產數百個，但在那年代的一條龍，一個師傅十幾天工夫，只能做出一個珠寶。事實上，當年的珠寶銀樓，包含如今仍繼續營運的幾

個老牌銀樓字號，都是這樣生產珠寶的。

　　1990 年代珠寶的市場主力客群，主要有三個，第一是工廠，第二是珠寶店，第三是散客。尚未轉型前，東龍珠珠寶這三個族群都做，然而三個族群的需求是完全不同的。

一、賣裸石給工廠

　　工廠的定位就是可以生產製造，生產出來的珠寶是要賣給批發商的。

　　對工廠來說，他們必須以最低價取得原石，然後經過本身設計加工後，還必須計算批發商的利潤，這樣產品才有可能以被消費者接受的價格售出。

二、賣裸石給珠寶批發商

　　在那年代，珠寶批發商就是銀樓，他們直接面對消費客群，最看重的是自然是商品可否銷售出去。因此最重視品項美不美麗，所謂美麗不只外型要好看，並且還要符合流行。那不只要精湛工藝，還要有精準眼光。

三、賣裸石給消費者

在錢淹腳目的年代，例如像是竹科園區就有很多暴發戶，他們完全有能力購買高單價的珠寶，送給他們的母親或妻子，也就是貴婦們。對這些貴婦們來說，她們不一定懂得各種專業珠寶的鑑賞術語，但總之珠寶戴上去就是要體面，要能夠展現她們的身分。

同一顆珠寶原石，面對三種客群，客戶有三種不同的考量。工廠著重在成本，想的是如何降低成本，提升工廠毛利率；銀樓著重在設計，想的是如何有好賣相，吸引更多顧客上門；貴婦著重在面子，想的是如何提高身分地位，展現高檔品味。簡單來說，工廠賺工錢，珠寶店賺附加價值，貴婦賺體面。

在這個大前提下，東龍珠珠寶既要迎合客人，又要兼顧自身營運成本，自然而然會發現一個很大的瓶頸，那就是很多的環節都不掌握在自己手裡。

除了原石由自己提供，工廠如何生產、怎麼製作鑲嵌、

品質如何管控，自己不能插手。珠寶店要設計，怎麼設計，也要依憑他人。貴婦要訂製高檔珠寶，靠師傅一條龍製作，耗費人力，有時候成本並不划算。

要想擴展規模，提高產能，唯一的方法就是自己有工廠，自己添購機器成立生產線。但這就回歸到一個問題，也就是臺灣本身是個淺碟市場。

在臺灣，每生產一個款式，可能只有幾十個的量，最多不會超過一百個。重金採購機器，卻只為生產幾十個，非常不符合規模經濟。若不採購機器，就算假定聘請一百個甚至一千個師傅好了，每個師傅即便專一製作一項珠寶，也還是會有品質不一致的問題。

同一款珠寶，不可能賣給甲是三十萬，但賣給乙時因為品質差一點就變成二十萬，這絕非品牌化的概念。也因此，張芳榮在那段時期，每天都煩惱著這樣的問題。

包含當年的第一桶金，以及之後每個月的收入，都是靠臺灣的市場支撐。這怎能捨棄？但若不捨棄，就必須照原來模式，自己每天東奔西跑，由師傅們手工製作。今年可以，

明年可以，但難道東龍珠珠寶就將自己定位成如此的臺灣代工廠嗎？

　　眼看兩億的珠寶後援期限將至，終於，張芳榮做了決定，將公司變成外銷導向。一下子，原本以幾十個為單位的珠寶設計款，就可以跳升至以幾百個為單位。

　　做了決策，代表選擇以「全世界作為客群」。就這樣，1995 年張芳榮將行銷焦點轉向世界舞臺。也在那年，開啟了臺灣自有珠寶品牌之路。

第八章　因應時代挑戰

回想起創業初期的往事，張芳榮嘴角不禁漾起微笑。那時候的東龍珠珠寶公司，可以說張芳榮這個人就可以代表一個移動公司，他走到哪生意就做到哪。

本身就有畫畫天賦的張董，也是東龍珠珠寶第一代的設計師。當客戶要買寶石，買賣是他，設計也是他。

印象中，有一次接到電話，張芳榮跑去新竹科學園區會見一個科技公司老闆。一見面時，真的有點傻眼，那位老闆就只是穿件汗衫、踩著拖鞋，一副悠哉游哉的樣子，就來和張芳榮見面。

但不管他穿著如何，行動多麼散漫，這個竹科老闆卻出手闊綽，直接就訂下了價值三百萬的原石，過程也不討價還

價。要知道，那年代就算在敦化南路買一棟房子，也不需要那麼多錢。這位老闆卻穿著汗衫，直接現金訂購原石。

　　如今珠寶的購買方式已經不是這種跑單幫的模式，只是有時候想起往事，張芳榮還是會覺得那些經歷非常有意思。

💎 被時代逼著成長

　　談起東龍珠珠寶的工廠創建，沒有什麼哪一天開工動土的問題，也沒有什麼具體的落成日。工廠的誕生，如同張芳榮所說，是被需求所推，一步一腳印，逐漸建立的。

　　從傳統的一條龍轉到真正的一條龍，前後也花了幾年時間。早先時候，張芳榮只做寶石銷售，後來開始培養師傅，自己從事製模及鑲嵌作業，但那時珠寶製作過程許多環節仍須外包。

　　一開始也合作得很愉快，那時臺灣的客戶要求不高，剛好是工廠品質可以應付的。但這樣的情形無法維持太久，隨著整體經濟環境提升，客戶對珠寶的要求標準也提升，這時就會發現，外包模式已越來越不符需求，再不改變，就要被

市場淘汰了。

特別是張芳榮決定公司經營方向轉型改為朝向世界市場後，挑戰就更大了。

講到改變，就要提到 1990 年代到 2000 年代的幾個市場轉變：

一、黃金及外匯管制

提起黃金，姑不論臺灣的政治定位是什麼，至少在經濟上，臺灣是一個獨立的經濟體，經濟體與經濟體間交流，就會有匯率的問題。當年張芳榮決定以外銷為主力的時候，第一個碰到的就是匯率問題，並不是無法開拓市場，而是在海外賺來的錢該怎樣才能匯回國內？因為在當時，臺灣是有外匯管制的。

既然臺灣也是「金本位制度」，所以外匯和黃金是息息相關的。由於外匯管制，要買黃金不是想買就能買的，但既然東龍珠是做珠寶的，做珠寶一定要用到黃金，出口產品也要換黃金。但公司規模尚小，國家規定要加入銀樓公會才能

買黃金，私人不可以買賣，怎麼辦呢？

　　若跟央行或大型銀樓買，就必須要有發票，這中間又牽涉到很多稅的問題。那時只是小成本經營，若進出口買原物料每個環節都要課稅，成本將超過負荷。

　　為此，張芳榮只得跟臺灣大盤買貨，開的是臺灣業者的發票，當然對方也不是無償幫忙，他們開發票也是要賺一手，所以早期東龍珠珠寶是慘澹經營，毛利很低。

　　一直到再幾年，公司擴展到一定規模後，才終於可以跳過這些大盤商，直接辦理進出口。

二、生活品質的改變

　　1993 年剛回臺灣創業，張芳榮銷售珠寶的方式就是參加珠寶展。實際上，也只有那樣的場合才會遇到買家，因為當年的珠寶市場太小了。但若再早個五年，甚至連珠寶這個產業都沒有。

　　1990 年時因為臺灣股市上萬點，開始有很多人有閒錢可以買珠寶，但這個行業懂得人少，消費者買寶石也怕受

騙，所以選擇在珠寶展採購，至少那是政府主辦，比較有公信力。

在那樣的場合中，交易方式也是很保守的。一般來說，張芳榮只能靜態的等待客戶來逛展位，張芳榮會遞交名片給參觀者，但通常對方不會主動給予名片，也較少當場就下單。他只能被動的等客戶回去考慮過，有興趣了主動來電通知張芳榮再約時間見面。

就在這樣的過程中，逐步將商品推薦給一些貴婦，那些貴婦再透過她們的人脈網路擴散出去，逐一引薦新客戶。當年的珠寶市場，就是這樣做起來的。

那年代的珠寶展規模也不大，主要是在松山機場的外貿協會展覽館舉辦，該展館後來已被停用回收。總之，那時的展覽規模沒有大到可以參加世貿展，和如今的珠寶展規模不可同日而語。

如今，珠寶的普及率已經很高，伴隨著臺灣國民所得大幅提升，購買珠寶已非貴婦專屬權利，但以整個臺灣市場的胃納量來說，還是太小了。

　　而當年珠寶在臺灣普及化有一個功臣，那就是許多人耳熟能詳的「戴比爾斯」進入臺灣。

三、「戴比爾斯」改變了珠寶的定義

　　行銷還是很重要的，這一點張芳榮非常有感觸。臺灣的珠寶市場，就因為一句成功的廣告臺詞：「鑽石恒久遠，一顆永留傳。」而讓整個生態改變了。

　　相信很少人不知道這個廣告詞，即便距這個廣告最早問世時間已經超過十五年，這句廣告詞仍是經典。

　　「戴比爾斯」是全世界最大的鑽石集團，其進軍臺灣也帶來珠寶觀念的改變。延續中國人幾千年來的觀念，從前的臺灣人比較喜歡金飾，特別是對經歷過逃亡歲月的老一輩人來說，黃金具有難以取代的價值。在他們心目中，純金是首選，K金則沒有市場。

　　但戴比爾斯的鑽石廣告，頓時讓鑽石成為一個新的流行。鑽石當然不能單獨存在，必須搭配金工，也就是珠寶首飾的概念。於是，做為珠寶搭配的K金金飾，也開始為市場

接受。

那年代,張芳榮親身經歷,看到了許多珠寶工廠如雨後春筍般誕生,以因應珠寶首飾風靡整個臺灣的潮流。

然而潮流如水般流,在時代巨輪的轉變下,後來因為中國市場崛起,那些曾意氣風發的珠寶工廠,又一個一個倒閉或外移了。

而對東龍珠珠寶來說,時代的嬗遞,還帶來一個大的改變,這改變也促使東龍珠珠寶不斷轉型向上提升,那就是品質要求的改變。

四、品質要求的改變

需求迫使東龍珠珠寶改變。早先時候,張芳榮接到訂單時,會把大部分製程外包給工廠。那時的客戶需求也和工廠供應品質可以對應,但之後張芳榮把事業觸角拓展到海外,那時全球經濟繁榮,客戶有錢購買珠寶,但也培養出較高的眼光。此時以傳統機器生產的珠寶,品質已經缺乏競爭力。

張芳榮曾要求工廠轉型,但對工廠來說,進口一部機器

動輒百萬，但臺灣胃納不需要那麼大，既然工廠產能因應臺灣市場已足夠，就完全沒誘因轉型。逼不得已，張芳榮只得自己買機器設廠。這就是東龍珠珠寶由經銷批發及設計角色，轉為工廠角色的關鍵。

最早時候，機器也還是很克難的，就以鎔鑄來說，早年是採用離心機的概念，以此來調和不同比例的貴金屬。商人為了重視利益，可以用最低成本生產就符合市場需求，自然就採用最低成本。

以Ｋ金來說，現在的標準是金跟銀及銅來配，但更早時候不是用銀，而是用更便宜的鎳。直到歐美檢驗標準提升，規定產品不能含某個比例的鎳，因為鎳本身含有毒性。至此，那些以鎳加金合成的Ｋ金就失去了外銷市場，想要和世界接軌，就必須轉型，於是就再也不用鎳的合金製品。

類似的情況不斷發生，而且各個國家標準不同。由於臺灣是 WTO 會員，既然加入世貿組織，就是要遵守國際規定，因此所有國際的標準，廠商都要遵守。也就因為如此，就如

同練兵一般，張芳榮帶領著東龍珠珠寶，一方面將商品銷往歐美，一方面也要面對歐美國家嚴格的檢驗挑戰。

如同張芳榮所說：「當你的商品都可以通過最嚴格的標準了，那麼要行銷全世界絕對沒問題。」

就這樣，東龍珠珠寶因應外界的需求轉變，當工廠做不到的，就成立自己的工廠，鑄造如此，電鍍也是如此。當初也是因為配合工廠的標準不符合歐美標準，被大量退貨後，工廠不願轉型，東龍珠珠寶只好自己來做。

就這樣，打造出一個如今完美的一條龍生產線。

💠 企業日不落國

以工作內容屬性來看，東龍珠珠寶應該被歸類為製造業。然而很久以來，張榮芳就已經看出時代的發展趨勢：服務業就是服務業，製造業也是服務業。

對張榮芳來說，不論是早年的以珠寶商和貴婦為主力的市場，或者近年來的自創品牌，在世界各地拓展通路，客戶就是客戶，一個消費者，不論是透過珠寶專櫃、透過門市訂

購，還是透過海外經銷商，當客戶有不滿、有質疑或有想要深入了解的地方，作為珠寶的供應商，東龍珠珠寶就是要提供令客戶滿意的應對。

有不滿要道歉、要解決問題；有質疑要找出原因、要溝通化解；有更多想了解的地方，更應該專案說明、建立連結。這些都是客服，這些都是企業應該要做的事。所以東龍珠珠寶既是製造業，也絕對是服務業。

在張芳榮的事業發展藍圖裡，希望有一天可以做到，不但全年無休，從周一到周日都聯絡得到人，而且希望可以做到全天無休，也就是 24 小時制。

這樣的想法，搭配的自然是國際化大品牌的願景。就好比「Tiffany」這個品牌，他們會在假日拒絕聯繫嗎？因為假日要休息？實際上卻正好相反，假日才正是人潮最多的時候，Tiffany 更要把握好這個時機好好行銷。

再好比說機場的免稅商店，那裡賣的高級飾品會選在周六、周日放假嗎？就如同機場是全年無休的，這些免稅商店也是一樣，任何時刻客戶都找得到人，這才是服務業。

東龍珠珠寶的願景，先從推動正確觀念開始，張芳榮希望讓所有員工都有一個認知，東龍珠的品牌是大家共同努力成就的，這個品牌越在世界各地發光發熱，就越表示大家的成就受到肯定。有了這樣的共識，當客戶對這品牌有疑問，你會急著撇清關係嗎？當然不會，你會像關心自己孩子一樣，對客戶介紹自己的品牌有多好。

由於術業有專攻，每個人雖然都關心東龍珠的品牌，但可能對自己領域外的事物沒那麼了解。沒有關係，公司可以成立客服中心，解答客戶的基本疑惑，而每個員工要做到的，就是把自己的專業部分和客戶分享。

好比說，客服接到電話，當對方問的是有關鑲嵌的問題時，那麼身為鑲嵌部門的你就可以發揮所長，將所知道的告訴客服同仁，再由客服同仁轉告客戶。如此，你也成為公司客服的一份子，你的專業，因此幫公司留住一個客戶，這是很大的成就感。

也正是因為這個原因，企業要做好客服，必須每天各部門都有人。周六、日不用說，畢竟假期正好是客人想帶家人

看珠寶的時候。至於 24 小時制，則因為地球村的關係，當事業拓展到全球，也許某個英國的客戶想買珠寶，透過珠寶門市提出一些問題，珠寶門市則透過網路連線，致電臺灣東龍珠珠寶本部。

但當下臺灣已經是半夜了，如果聽到的只是語音留言：「你好，現在是下班時間，請於明日上班時間再來電。」那個想買珠寶的客人還會想等到明天嗎？很可能當下就失去了這個客戶，而且可能就此永遠失去了，因為對客戶來說，他對東龍珠珠寶的印象，將永遠就是「有問題得不到解答」。

更慘的是，這樣的印象不只他一個人感受到，他還會把這個印象透過臉書、透過家庭聚會、透過不同的管道宣傳出去，如此失去一個客戶，就等同於失去一百個客戶。這就是不把自己當成服務業的下場。

所以未來的規畫，東龍珠珠寶不只希望要一年 365 天都有人，也希望一天 24 小時要有人。

當然前提是要有足夠的人才基底，這也是後面會討論的重點。基本上，企業要擴展到一個規模時，才有足夠的人值

班，否則當一個部門只有四、五個人，卻說要一年 365 天都有人在，無疑是比較不符實際的事。

為此，除了人才增加外，人才的據點也必須增加。也就是說，那些人才不必然是臺灣人，那些人才辦公的地方，也不一定是臺灣。既然要做全世界生意，就必須隨時都有人上班，而這些上班的人，最好是可以分布在不同時區。

在張芳榮的藍圖裡，可能把地球切割成四大塊，每塊有六個時區，在這四大群組裡，若不說有個企業分公司，至少也要有個基礎的維修廠。如此，就型塑東龍珠珠寶日不落國的概念。

因應時代變遷，張芳榮強調，有兩個趨勢很重要，一個就是機器人化，包括物聯網、區塊鏈資料管理、雲端計算的概念，另一個就是資源共享。

廠房可以分成四大區塊，但許多的資源卻不用也複製四份，比如客服資料庫，就不需要建置四個網站，只需透過雲端管理，搭配最新科技的防駭防毒工具，透過區塊鏈安全機制，就可以資源共享。

　　再比如客服系統，也可以善用機器，讓問題歸類更有效率，但最終，問題的解答端要有相應的專業人士，那個人可以是公司裡的任何人，包括鑲嵌、包括電鍍、包括 3D 設計，都有可能是那個人。

　　張芳榮想要與所有員工共勉的一件事，珠寶產業是最有未來的事業，因為大部分的工作，在未來，也許十年，也許一百年，可能都會陸續會被機器取代，但珠寶設計卻永遠需要人才能做到。

　　不必說到未來，現在就已經有很多辦公室事務被機器取代了。其他生活中種種的事，買東西可以跟機器買，國外已有完全無人的商場；去餐廳吃東西，很多餐點也可以用機器人做出來；娛樂方面，無論打麻將、下圍棋，很多對手都可以是機器，不必是真人了。各式各樣生產的東西，不論是木製品、塑膠製品、金屬用品，若不是全工廠都被機器取代，至少也已有許多人手被取代了。

　　但珠寶永遠不會被取代，也許製程透過機器可以加速，但設計永遠必須靠人腦。珠寶非常珍貴，原石更是每顆不

同，如何搭配、如何設計，只有透過人類才能辦得到。

　　況且每個客戶需求不同，因應不同的對象，要做出不同的珠寶，加上每個珠寶都是少量的，需要精密貼心的處理，所以無法全部都委由機器。總之，珠寶這個產業，人的溫度是非常重要的。

　　也因此，不論世界怎麼發展，東龍珠珠寶要發展成一個製造與服務皆完美的企業，任何時刻、任何地點若有需要，都可以得到東龍珠珠寶的服務。而且電話中最終為你解答的聲音，絕非機器的聲音，而是最溫暖的人聲。

第五部

共存共榮

第九章　珠寶人才管理

即便經歷過大風大浪，市場開發備極艱辛，面對中國競爭時，也曾有過非常艱困的十年，但對張芳榮來說，經營事業最辛苦的一個環節，從頭到尾都是「人」的問題。

最早的時候，因為缺少人才，事業無法做大，後來逐步培訓徵員，成為張芳榮的分身，可以有人力來做製造、做設計，乃至於做行銷，張芳榮才能把更多的時間用在管理經營及擘畫願景上。

但二十年來，有關人才的煩惱從來沒停過。徵人是個煩惱，人才如何培訓管理又是個煩惱。例如政府的相關法規，2017 年政府的一例一休震撼彈，那又是另一個企業經營的煩惱。

　　無論如何，東龍珠珠寶在張芳榮的領導下，也建立出有著自己風格的人才管理學。

👤 人才效益倍增學

　　成本有很多種，有些可以明顯看得見，有些卻不是表面上可以立刻看出來的。

　　好比說，我們生產一批玩具好了，購買了多少塑膠原料、多少溶劑、多少配件、機器攤提、廠房租金攤提，都可以明確算出來。但有一種成本卻不一定可以算出來，那就是人力成本。有人說，人力成本很簡單，就是每月付多少薪水獎金，這些都一目了然、清清楚楚，怎麼會不清楚呢？

　　如果只是照本宣科，看帳面數字，的確薪水是薪水，獎金是獎金。但實際上，張芳榮的心聲，相信也是許多老闆的心聲，就是人才難以計價。

　　如果能夠找到一個萬中選一、不可多得的人才，他可能可以幫公司創造十倍的利潤，甚至幫公司發展出一個全新的境界，那樣的人才，付再多的薪水也值得，因為他的 CP 值

超高。

　　但一般企業不敢奢求總能碰到這種人才，只要可達到一點點「物超所值」就很高興了，至少也要達到「專業能力學以致用」、「做事態度兢兢業業」，也符合廠商付薪水的初衷了。可是即便這樣的標準也難以企及，沒有辦法每個員工都能做到如此，那麼，就會有許多帳面上看不到的成本了。

　　對張芳榮來說，最大的成本之一是培訓一個員工，前兩年都沒什麼大產能，因為珠寶金工需要磨練較深厚的技藝，因此表面上，支付一定額度的薪水報酬，實際上，產能卻要三年後才符合薪水相應的技能。

　　然而，一旦這樣的人培訓不到兩年就離職了，那帶給公司的損失自然就不只是每月付多少薪水的損失，還包括 CP太低以及間接培訓的成本。

　　一個人才的養成，也會耽誤到主管的時間成本，這些都必須計算，更何況因技能不足所帶來工作上的負面效應，諸如產品瑕疵報廢、重複做工，乃至於干擾其他人作業等，這些也都需要列入考量，但這些因素都無法列入傳統會計帳本

作計算。

　　所以說，人才養成是最困擾的事，但卻又是絕對必要的事，沒有人才就無法事業拓展。如何做到最符合經濟效益的人才事業兼顧呢？張芳榮發展出一套「人才效益倍增學」。

　　很多事都可以評估效益，例如機器，可以計算出一天全速運轉能生產多少產值、耗電多少、故障率多少，消費也可以計算效益，例如今天花一千元去吃大餐跟花一千元搭車去旅行，哪一個滿足度比較高？這都是效益。但人才的效益卻很難評估。

　　這裡指的人才效益不單指老闆付員工薪水，員工可以帶來多少產值。對張芳榮來說，他非常反對將員工以「物」的概念來討論。因為員工不僅是無價的資產，員工也是大家庭的一份子。

　　因此，當探討到效益時，他討論的不是「單一」員工薪資與產值的問題，而是「整體」員工與公司營業額的關係。

　　在其他條件不變下，理論上：

1. 員工越多，產值越高。

2. 產值越高，就可以服務更多客戶。

3. 服務更多客戶，就代表公司營業額增加。

所以理當公司員工越多越好，但是在實務上，有三個影響因子：

1. 每項投入到產出間都有時間差，增聘員工到員工開始有產值有時間差，產值提升到客戶增加之間也有時間差。

2. 客戶的多寡決定因素有兩個，一是產品滿足度，一是市場胃納。單單提升員工數以及公司產能，或許可以達到產品滿足度，但市場胃納不一定吃得下。

3. 量不代表值，為了讓量轉為值，必須有專業培訓。

以珠寶產業來說，可以確定的是，全世界的珠寶胃納還很大，並不擔心飽和。問題是業務的拓展時間差，需要和員工的「量變轉質變」環環相扣，才能帶來公司成長。

也就是說：

公司員工不足→產能不夠→市場無法擴展→公司資產變少→無法徵聘員工→公司員工不足

於是形成一個負面循環，最終企業會面臨倒閉。經營者必須創造正面循環：

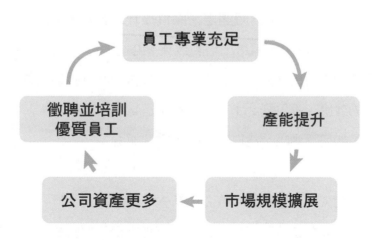

這樣就形成了一個正面循環。

如何做好這件事，張芳榮提出了「人才效益倍增學」。

當公司生產線現有兩個人，公司再聘請一個人，那是什麼概念？那就是成本增加 50％ 的概念。為什麼呢？原本兩個人要支付兩個人的薪資，現在三個人要支付三個，公司人事成本就增加 50％。相較來說，若公司原本只有一個人，但增聘一個人，人事成本就會增加 100％

　　然後公司產能的增加是多少呢？短期內，不但增加幅度是零（因為新人還不能上手），甚至可能是負的（因為新人會拖累老人的進度，耽誤老手時間來教育新人）。

　　長期來看，則看得出培訓效果，也就是說，若培訓得好，那公司戰力由兩人變成三人。若培訓得更好，這個人帶來加乘的效應，不只是 2 ＋ 1 ＝ 3，而是 2 ＋ 1 ＞ 3。

　　如何達到呢？他提出了兩個重要概念：

一、新人＋正確培訓＝戰力，新人＋錯誤培訓＝ 0

　　因此對張芳榮來說，新人不招募則已，要招募就一定要好好培訓。包含技能培訓、心態養成、做事方式改進、人際溝通，都要列入培訓重點。

二、打好基礎，邊際效益將越來越大

　　這也是張芳榮的人才擴展定律。他將自己的主力放在市場拓展上，然後初期以有限的人力，用更高的成本逐步拓展實力。

　　當公司由一人變兩人，兩人變三人，伴隨人員成長，公司有能力承接更多業務。但到了一定基數，例如當公司編制十人，招募五人，那就等於成本增加50％，但當公司拓展到五十人，此時再招募五人，成本卻只增加十分之一。當成本下降的同時，業務的拓展又因邊際效益，達到了更拓展。

　　當公司編制十人，增加五人，是增加五人戰力。但當公司編制五十人，增加五人，不只增加五人戰力，也因為人的基數多，分擔了教育成本，也就是說每個老手被耽誤的時間減少了。

　　東龍珠珠寶就以張芳榮的人才效益倍增學，先撐過艱苦的草創期，之後就可以大幅發展。在張芳榮的腦袋中，無時無刻都有著事業拓展藍圖，包含：

1. 要拓展多大的新市場，需要多少的產能。

2. 因應這個產能，公司必須增加多少人。

3. 這些新人該何時進入培訓，才可以變成有用人才。

若今年預計招聘五人，張芳榮的作法不會是一次聘用五個人，而是分階段，可能春天招募一個，夏天兩個，秋天一個，冬天一個。在新人進來的同時，前一個招募者已經培訓到一個階段了。

把人才做好培訓管理。東龍珠珠寶就能在事業拓展中，也讓人力與產能持續拓展。

共體時艱的認知

員工不只是公司的無價資產，也應該是一起打拚的夥伴。對張芳榮來說，他對員工從來不採「高高在上，我付錢就是老大」的心態。相反的，他還經常體諒員工經驗不足會犯的錯，採取包容及安慰的方式。

當然，以現實面來考量，員工來上班不是為了搏感情

的，而是需要獲取生計。因此，老闆有義務要帶給員工好的生活，這不是植基於勞基法，而是植基於當員工認同你，選擇把青春付出給這家公司，那老闆就有責任回饋給員工好的生活。

在這個前提之下，員工和老闆有個很大的共識，那就是員工是和老闆共同打拚，公司賺越多錢，員工也會得到好的回饋。基於這樣的共識，張芳榮對於員工，有三個基本的管理原則：

1. 公司重視民主與溝通，盡量不要以強制命令壓制。
2. 公司若有成長，員工的收入絕對會增加。但是當公司虧損時，除非極度特殊的狀況，否則不會讓員工原本的收入減損。
3. 態度比技術重要。如果態度不對，適當溝通仍無法改變，那代表不適合這家公司文化。

一、民主溝通

在東龍珠珠寶，有個特別的情況，是其他公司少見的。

那就是每當政策轉達或有重要改變時，張芳榮習慣以「共同參與」的方式，先溝通，再決定。

舉例來說，每年的春節休假要怎麼放假呢？基於工廠的形式，放假方式和一般民間辦公室企業不同。但要怎麼做最好？必須大家一起溝通。

1. 先召集各部門主管，由張芳榮宣達他的意見。

2. 各部門主管回到所屬部門，布達老闆的需求，再請與會人員充分討論。提出意見看法。

3. 經過討論，大家也都表達了意見。由主管整理成優缺點及注意事項。

4. 張芳榮再次集合主管，並匯整各部門意見，經溝通後，整合成最新的版本。這回版本是融合全公司員工共識而成。

5. 除非是意見分歧很大，若各部門意見差不多，可以修改檢討的，這個新版本就是公司布達版本。在宣布後，所有同仁就需落實。

表面上這樣好像很花時間，實務上，這些步驟卻進行很

快，而且很重要的一點是，當一件事是經過大家共識，或者至少是經過員工共同參與後才推出，那麼員工執行時就會心服口服，這讓往後的事情進行更平順。

相反的，若只是命令布達強迫辦理，表面上看起來比較快，但卻因為後面阻力重重，反而容易事倍功半。

東龍珠珠寶盡量避免冗長無意義的會議，開會時講重點。由於一向以來東龍珠珠寶採取民主親和的溝通方式，而非威權壓制法，因此這些會議都能有效率進行，不會有揣測上意、為辯論而辯論，耗費時間之事。

至於溝通結果，張芳榮也表示，這世界上沒有什麼事可以百分之百讓所有人滿意的，一件事總是多多少少有人會比較不高興。但這就是民主制度，少數要服從多數，何況這已經是經過溝通的結果，而非一味的以上級命令壓制。

二、利益共享

許多企業被勞工詬病的是，當企業營運有困難時，第一個犧牲的就是員工；但當企業賺大錢時，卻永遠只有高層吃

香喝辣。這樣的企業無怪乎難以長久。張芳榮認為，不論是臺灣還是全世界，可以基業長青的企業，一定都是重視員工福利、願意尊重員工的企業。

以東龍珠珠寶來說，收入非常的公平，主要分成兩大部分，一部分是作為勞工應該領取的薪資，還有一個部分就是因應公司成長，員工可以獲得額外的獎金紅利。

在制度上，薪資要能做到可以提供員工基本的生計需求。若無法滿足，員工可以選擇不要在這家企業服務，獎金則更是可以讓員工有所期待。所謂獎金，就是當公司錢賺越多，員工也領得越多的意思。這些多的業績要怎麼來呢？當然得靠全體員工共同努力才能得來。

當你的每一分努力，都可以反應到你的每月報酬時，一個員工就不會打混摸魚。也許有人會說，獎金是共同均分的，所以就算一個人偷懶，他還是可以分到獎金。

所以這就牽涉到同儕的力量，當一群人可以共享一筆獎金，而團隊中卻有人好吃懶作、沒有貢獻，那他可以被團隊接納嗎？相信必定會受到輿論制裁，再怎樣也必須打起勁來

做事。

　　相對來說，純以薪水報酬，月底統統有獎的領薪方式，就無法做到公平，因為努力的人和打混的人，都領到一樣的薪水。

三、態度勝過技術

　　在員工治理過程中，難免會發現各種狀況，例如員工做錯事，帶給公司損失，或者員工不服管理，提出議論等。在一言堂的公司，反正一切老闆及主管說了算，有人犯錯就懲罰責罵，不問原因。這樣的公司，一定留不住好人才。

　　在張芳榮的經營理念裡，犯錯是成長的過程，寧願一開始經驗不足犯小錯時就更正，也不要觀念不對，累積到一定程度鑄成大錯。因此當同仁們犯錯，張芳榮和主管都選擇循循教誨，以鼓勵代替責罵的方式。

　　然而，若是心態不對，那就是張芳榮最不能接受的。例如有人製作的成品有瑕疵，他不是認錯，而是抱怨別人，認為是公司設備不佳、主管沒督導，甚至說是客戶太難搞等

等。技術不足可以訓練調整，心態不對就難以接受了。

　　對於肯心虛認錯、並且清楚明白自己錯在哪裡的人，張芳榮不會深究，甚至還發生有人將功贖罪，為了彌補一個錯，更努力去從事，反而帶來好業績的。但對於那些心態不對的人，如果屢勸不聽，張芳榮就寧願選擇割捨了。

　　當承平時候，較難看出員工的心態，但發生狀況時，就可以與員工討論彼此對於公司的認知是否相同。

　　好比說 2017 年政府推出的「一例一休」，這件事帶給企業經營莫大的困擾，也帶來勞、資上的種種對立。許多時候，勞、資雙方本來願意共同打拚奮鬥，結果政府一干涉，反倒區分成你和我，勞、資變成敵人了。這是一種帶來企業內部分化的政策，張芳榮對這樣的事也深感無奈。

　　因為人與人間的關係，可以有許多重關係。例如員工和老闆之間，若不管職銜，兩個都是同一個企業的一分子，共存共榮，公司有成長，大家都高興。但若變成勞資對立關係，似乎對我好的就一定對你不好，老闆的存在就是在壓榨員工。當這種觀念散播，那麼每家公司的經營就會因內亂而

停滯。這可能是當初政府推出「一例一休」時，沒有仔細考量的問題。

　　無論如何，張芳榮仍一貫採用民主溝通，將勞工成本攤開來，讓大家民主化的討論。包含如何發薪、如何加班、如何休假，每件事都與員工做好溝通，基本原則是不損害員工基本權益。因此當一例一休公布前跟公布後，員工的權益都沒有受損，在這樣的共識下，調整新的營運制度。

　　但如果有人動輒以「政府說」、「法律規定」等為基本對應原則，然後口口聲聲要伸張自己的權益，卻完全沒一句話提到公司的成長，那麼，這種人心根本不在公司，無法共體時艱。所謂：「道不同不相為謀。」也許這樣的員工，應該選擇一個更適合他的所在。

　　然而張芳榮也表示，全天下的道理都是一樣的，每個老闆都希望員工把企業的事當成自己的事，而不是來「騙」一份薪水，工作交差了事。

　　一個員工太計較，會變得到處都不受歡迎。而一個員工若不管公司死活，那麼當公司營運不佳，甚至必須裁減某個

部門時，受害的還是員工本身。

　　這是張芳榮經營東龍珠珠寶超過二十年來的感觸，好的人才難覓，能夠做到共存共享共榮的員工，要更加珍惜。

第十章　建立企業高度

　　珠寶是貴重的，但這世界上還有比珠寶更貴重的東西，那就是人之所以為人的價值。

　　張芳榮常告誡員工，一個人專業不夠，可以培訓；天賦條件不好，可以靠後天補足，但唯有存心不良、心術不正，那是難以原諒的。

　　就好比一個財富多多、擁有豪宅土地的財主，他可以購買許多昂貴的名牌珠寶，但若缺少內涵，沒有令人值得尊敬的品行，那麼他就算佩戴千萬珠寶，在別人眼中，他可能還不如一個蹲在地上的乞丐。不要窮得只剩下錢！

　　身為臺灣最重要的珠寶企業創辦人，張芳榮深知，什麼是世界上最貴重的東西。鑽石、珠寶這些都非常名貴，為了

要打造一個相應名貴珠寶的優質企業，張芳榮總是強調人性的重要。

珠寶再美，若沒人佩戴，也只是個靜物。因此人性的美善，是他永恆的追求。

超級變形金剛的管理哲學

雖然沒有顯赫學歷，但張芳榮其實也是個對國學有一定研究的學者，對於中國傳承的古老智慧，有著深厚的興趣。這一方面因為家學淵源，祖父及父親都是做傳統中醫草藥，母親則是對宗教信仰有一定的投入；二方面則是經營事業多年來，對人生有著深深的體悟。在所有的國學中，張芳榮最喜歡的就是《易經》。

在張芳榮的體悟裡，「易」就是變，不論是事業或者人生，原本就無時無刻都在變。在變化中，當一個新的情境產生，就該有著新的因對。沒有什麼可以不變應萬變、一招半式闖江湖的，人就是要懂得適應新環境，隨時改變。

但「易」也代表著容易，有些事不要想得太複雜，只要

掌握基本原理就可以因應萬事萬物。對張芳榮來說，不論是事業拓展，或是公司內部治理。歸根究柢，就是四個字：「客戶需求」。

你為何要積極開拓新的款式？因為要滿足客戶需求。你為何要提升員工向心力？因為要讓公司有產能，最終，還是要滿足客戶需求。

設計要時常接受新資訊，融入新元素，因為要滿足客戶需求。採購要更加專業明辨品項，才能帶回最好的原石，因為要滿足客戶需求。

管理部要做好管控，讓人心安定，因為員工素質好，產品就好，因為要滿足客戶需要。電鍍、鑲嵌、金工、每個部門每個同事都要讓自己成為該領域最專業的人，因為要滿足客戶需求。

這就是東龍珠珠寶的變與不變。

基本的訴求是滿足客戶，這是「不變」，但因應不同時代潮流，例如今年流行復古，明年走科技風，所有相應的設計都要改變，這就是「變」。

從《易經》拓展開來的，就是太極哲學。

太極是一種意境，強調陰陽調和，周而復始。變中有不變，不變中有變，這正是企業經營的智慧。以此為基礎，張芳榮提出了管理上的「**超級變形金剛理論**」。

提起變形金剛，大家都知道，就是一個外星來的機器人，可以全身機組重新排列組合，變成另一個地球上的東西，好比說是一臺卡車、一架直升機等等。但張芳榮認為，真正懂得應變的企業，應該不只是像變形金剛，而是超級變形金剛。

為什麼呢？所謂的變形金剛，其實只能變成一種東西，柯博文可以變成大卡車，但它不能變成其他東西。而超級變形金剛，則應該可以做出更大範圍的轉變。好比說，下雨天了，可以變出遮雨的機制；遇到高溫的情況，可以做出遮陽降溫的機制。對企業來說，也就是一個企業要能因應不同的變化。

今天公司的產品在美國可能受到強烈歡迎，但能夠就這樣一成不變的移植到歐洲嗎？恐怕不能，因為歐洲可能需要

的是不同風格的設計。如果一家企業就只有那 101 招，沒有其他招了，那就只能在歐洲鎩羽而歸。然而，這是好的企業嗎？

　　同樣的道理，如果碰到金價暴漲，原物料不易取得怎麼辦？坐著唉聲嘆氣嗎？如果碰到中國削價競爭或大幅度仿冒，影響市場怎麼辦？也是坐困愁城嗎？如果客戶不滿意公司的設計？如果碰到能源危機公司缺水缺電？如果歐洲最大客戶來封信告知明年終止合約？這些事情都不會出現在學校教科書裡，也沒有出現在公司的管理手冊裡。但若碰到了，怎麼辦？

　　這就是變與不變的智慧，一個擁有超級變形金剛體質的企業，可以在特殊狀況中改變體質。好比說甲市場萎縮了，那就開發乙市場；往前進受到阻礙，那就轉個彎再前進。

　　對於張芳榮來說，《易經》不是理論，《易經》是可以落實的。

　　有人會問，如果前面提到的各種狀況，張董該怎麼因應呢？張芳榮的回答是，如果當問題發生才緊張，那就太駑鈍

了。身為一個懂得應變的人，最基本的要求，就是要時常看到未來。

　　所以這就回到前面說過的，一個好的企業家，是站在「四維象限」的企業家。以張芳榮來說，他任何時刻，一方面關注眼前的進展與品質，一方面也一定把視野放到五年、十年後。

　　此所以他推展金藝求精，想要打造百年大計，所以他早在十年前，就已經規畫出「Brilliantia」這個品牌。

　　回歸到前面問過的幾個問題：

一、如果我們的設計，歐洲不買單怎麼辦？

　　早在五年前，就應該有人研究歐洲趨勢，不會到現在才發現問題。

二、如果金價暴漲怎麼辦？

　　所有原物料的源頭，都應該早有管控機制，也都會趁著低價時準備一定的庫存。

三、如果甲市場萎縮了怎麼辦？

這種事更是不可能會「突然發生」，市場會萎縮，一定是有跡可循的。

四、如果大客戶中止和約怎麼辦？

客戶會中止合約可能原因有很多，可能是因為有其他競爭者介入，可能是對公司品質不滿，可能是本身財務出問題。無論是哪一種原因，都不會突然發生，一定事先有種種預兆，唯有事先關注各種情資發展，才能展望局勢。

整體而言，企業要有不變的立足點，包含誠信、專業、和諧等特質是基本不變的，但也要有因應未來各種挑戰的實力，包括情報力、技術力、管理力等等。面對如太極般不斷運轉的世界，唯有具備超級變形金剛的能力，才能不被時代淘汰，再創新局。

以商道帶領企業

如果一個企業，只要很會做生意就可以成功，那麼，理論上一個企業若已經做到一定的成就，好比說登上五百大企業或成為上市上櫃公司，就永遠不會倒了，畢竟一家很會做生意的公司，不會突然變得「不會做生意」。

可是實際上並非如此，我們若以十年為單位，看看十年前的頂尖企業和十年後的頂尖企業，總會發現很多曾經風光的企業，後來沒落甚至倒閉了。為何如此？因為做生意要長長久久的要素很多，其中一個很容易被忽略的要素，就是「商道」。

所謂「商道」，其實就是自「正道」衍生出來的。每個人做事都要走正道，不該做奸犯科，也不能去做違背良心的事，這是基本的正道。

再更上一層樓，就是要去行善，要去對社會做奉獻。正道推而廣之，教師有師道，江湖有江湖的道義，商人更有商道。這商道，講得更具體一點，就是「誠信」兩個字。

「誠」者，很簡單，就是不說謊，具備真誠的心。當然

在生意場上，誠代表童叟無欺，卻不代表著什麼都坦白，好比說，賣東西把自己的成本都透露給別人，那不是誠，那已經不叫生意了。但在遵守商業道德的基礎上，將好的東西加上讓合理的利潤賣給消費者，這就是誠。

至於「信」，以商人來說學問更大，「信」這個字，拆開來就是「人」和「言」。想想，我們做生意，就是把商品銷售出去，透過「人言」，由眾人來評斷，你的商品有無瑕疵？好不好用？能不能符合需求？一旦經過「人言」的考驗，就會形成需求，於是人們就願意花錢長期來買這商品，以生意角度來看，這「人言」換得的就是商譽，商譽換得的就是商品暢銷以及企業茁壯。

誠信誠信，說起來簡單，但很多公司後來卻栽在這上頭，為什麼呢？當初創業時，老闆和員工兢兢業業的，唯恐得罪客戶，反倒做生意都很講究誠信。

然而等公司壯大了，一方面老闆可能花太多時間去花天酒地應酬，二方面公司大人員多且失去危機意識，反倒容易出狀況。

舉個知名的例子，在華人世界名列前幾名的重量級食品公司，竟然為了貪圖利益，採買有問題的油品，賣給廣大的消費者，自以為神不知鬼不覺，幾年內不知危害到幾百萬人的身體，一旦東窗事發，則東一句不知道，西一句都是下游廠商的錯，與己無關。

　　但民眾的眼睛是雪亮的，在司法上，最終負責人被判刑入獄，企業形象跌落谷底，民眾也以具體行動大幅抵制該企業商品。到頭來，為了小利，卻把整個企業給毀了，這就是疏忽誠信的下場。

　　東龍珠企業在過往經營的二十多年歲月裡，也曾遭遇到許多風風雨雨，例如碰到景氣低迷，單子都被中國拿走；碰到檢驗不合格，整批商品被退貨，損失慘重。

　　碰到問題的時候，也正是展現領導人睿智的時候，而張芳榮自始至終有著不變的堅持。就算生意再差，也絕不偷工減料，想藉由減低成本來補償利潤。就算推廣再難，也要堅持自己企業的聲譽，絕不為了討好客戶，降低公司的格調。

　　正就是因為這樣的堅持，東龍珠珠寶贏得了客戶的尊

敬。產生的就是品牌效應，東龍珠這個品牌於是能被規格
最高的客戶所接受，包括歐洲、美國、日本，不同的市場，
不同的標準，東龍珠珠寶都能被認可，那麼當最難的都通過
了，整個世界也就通行無阻了。

是什麼路通行無阻呢？是銷售之路，也就是商道。

正如同張芳榮一方面經營事業，一方面也投下很多關注
在教育事業上，他不只為了賺錢獲利，更為了國家長遠的福
祉。因為視野格局高，才能成為臺灣最大的本土一條龍珠寶
品牌。

把誠信的觀念，落實在每個步驟。

採購部門，購買原物料時要注重每個環節，成本固然重
要，產品好壞更重要，不為了省成本刻意魚目混珠，想以劣
品充良品。

製造部門，更是每個環節都按照專業 SOP 流程，務求
出品的成果，符合客戶需求。加上品管部門的把關，消費者
拿到的商品，保證是滿意度高的。

業務部門和客服部門，以誠信為上，不會為了賺錢誇大

商品的特點，更不會對客戶大小眼，刻意對不懂珠寶的客戶哄抬價格。

當市場不景氣時，可以想方設法去開拓新市場，但任何時刻，絕不破壞東龍珠珠寶的信譽。營業額低，可以再去打拚；信譽沒了，再想爭取就難了。

總是走在「商道」上，這是東龍珠珠寶長青的祕訣。

第六部

播種未來

第十一章　許一個更好的明天

　　我們的未來在哪裡？企業的未來在哪裡？國家的未來在哪裡？

　　對張芳榮來說，答案都只有一個，那就是人才。

　　沒有人才，就沒有前景，這件事沒得商量，畢竟一個人能力再強，終究敵不過歲月。有一天你終將老去，你的能力或許可以留下紀錄，卻不一定可以留下傳承，因為傳承需要能力。一個庸才就算擁有所有前人記錄的智慧，可能連前人功力的十分之一都做不到。

　　也因此，歷史上的帝王們，從漢高祖、唐太宗、成吉思汗、明太祖……，沒有一個帝王不因傳承的事而煩惱著。

　　為此，張芳榮即便事業經營忙碌，也要特別花心思投注

在人才培育上。當然，人助之前必須自助，張芳榮希望國家及社會有好的人才教育政策，但也希望每一個年輕人要有自我提升的認知。張芳榮在閱人無數後，提出了一份給年輕人及任何想提升自己的成年人學習精進的指引。

🔵 張芳榮的「五加一」職涯學

一個人怎樣才算成功？這個答案見仁見智。有人覺得變成像郭台銘那樣的大企業家才成功，有人則想要變成像德蕾莎修女那樣受人尊敬的人，有人只想為自己的故鄉做點事，開闢一畝良田，推廣在地農產品就好。

其實任何事只要用心投入，而且結果是有助於世人的，都可以說是成功。在此張芳榮想強調的是，每個年輕人是否知道自己想要怎樣的成功？

如果想清楚了，那麼不論想當企業家、科學家、藝術家或者冒險家，都是好的。張芳榮也提出一個「五加一職涯學」，可以做為年輕人投入職業生涯的指引。

如同張芳榮所強調的，你可以有一千種、一萬種想法，

但最終就是要落實，最終就是要「動」起來。就算一個人已經是億萬富翁了，他還是要「勞動」，人生才會有意義，勞動的人也會比較健康。所以「五加一職涯學」歸納起來，就會是一個「行動」學。

所謂「五加一」，前五個是「職涯成長基礎」，加一則是「職涯成功加速器」。

五個職涯成長基礎是興趣、趨勢、觀念、態度以及視野，至於一個成功加速器，則是指肚量。

一、**興趣**

先問各位一個問題，假定今天有個老闆給你一間機械工廠，無條件交給你經營，請問這是好事還是壞事？這間工廠有一百個員工、價值一千萬的機器，以及上百個長期固定客戶。這麼聽起來，再怎麼說也算是一件好事吧！所以這個問題應該不可能有人回答是壞事的。

然而實際上，現實生活真正的答案卻是對有些人來說是好事，對另一些人來說卻只是痛苦。因為，這個問題忘了考

慮一個很大的前提，那就是「個人的興趣」。對一個有志創業的人、對一個熱愛機器的人、對一個追求金錢的人，對他們來說，擁有這間工廠當然是好事。但如果對方的人生夢想是去當舞蹈家或是畫家呢？如果對方喜歡文創產業卻對機械完全一竅不通呢？如果對方是絕對的綠色自然運動響應者，他不只不愛工廠，甚至還會討厭工廠呢！

　　當我們以一般理所當然的標準來想事情時，是否就會碰到這種尷尬？於是現實生活就經常發生，父親把事業傳給孩子，但孩子因為沒興趣，沒把事業做起來，然後就被罵是敗家子。

　　但這能怪那個孩子嗎？沒興趣就是沒興趣，並且這是要以一生來做代價的。如果有人命令你一輩子都不能做自己喜歡的事，只能被關在一個你最討厭的工作模式裡，那不就等於坐牢嗎？一輩子都坐牢，誰喜歡啊？

　　這也正就是張芳榮在推動技職教育時，很痛心疾首想要傳達的一件事。

　　有多少的孩子，為了將就國家的文憑主義，必須忍痛犧

牲自己的夢想，一輩子投入自己不愛的生活。國家因此少了人才，個人也因此讓生命活得扭曲。

因此，做為職涯最基礎的一件事，張芳榮鄭重表示，先確認自己的興趣，確認自己的性向，確認自己的職涯屬性，是對求職人同時也是對整體國家社會最重要的事。

有人會問，如果一個人的興趣是賭博、嬉戲，那也要照他的興趣嗎？這就曲解了「五加一職涯學」的原意了。人皆愛好美食、享樂，甚至許多人熱愛飲酒、唱歌，也喜歡和俊男美女在一起，但這裡所說的興趣，並不是享樂層面的興趣。我們可以用「馬斯洛需求理論」來解釋，屬於最高層級的「社會認同及成就感達成」，才是這裡所謂的興趣所在。

請問一個人做什麼事時最忘我、最有成就感、最能自然而然展現實力？那個答案就是一個人的真正興趣和性向，有些人是語文高手，有些人是機械高手，前者可能很會考試，但後者卻是工業社會很需要的人才。

如果你是青少年，請靜下心來好好想一想，什麼是你真正喜歡的？若你一整天要做那件事，你也不會厭倦樂在其

中。如果你是十八歲以上的年輕人，你也可以想一想，這一生真正想要投入的是什麼產業？如果你已是進入職涯一段時間的成年人，那麼也請以長輩的角度，試著去幫助自己的小孩以及身邊的年輕人。

　　當然，不了解，怎麼可能喜歡。也許有人認為，許多學問，例如股票操作、貿易買賣、高階程式撰寫，這些領域可能都要到大學後才會接觸到，一個未滿十八歲的青年怎麼可能知道？但其實世上所有的學問都有個基礎，高階領域的專業青少年當然不懂，但基礎的部分卻可能從小學時代就可以看出端倪。

　　好比說股票買賣乃至貿易經營，儘管牽涉到複雜的精算以及關稅知識等等，但其最初的基礎還是商業，小孩子可不可能對這有興趣？當然可能，有的小孩從小就喜歡計算金錢，喜歡買賣東西的感覺，這就是他的性向。

　　或者說建造火箭太空梭，其牽涉的學問可能要到博士以上才能了解，但論其基礎，還是不脫物理學、機械以及電腦基本概念等等，這些也都是國中甚至國小時期的孩童，就可

以發現有沒有興趣的事。

因此張芳榮主張，發現「興趣」不只是每個人一定要做的事，而且要趁早。

現在臺灣的十二年國民教育，一個人要到高中時期甚至到大學時期，才開始進入不同的專業屬性，那絕對是太晚了。張芳榮認為，可以在小學時期就看出一個人的天賦，然後國中是關鍵期。國一階段主要必須多做觀察，國二大致上可以確認一個人的興趣領域，國三則已經可以做出重要的學習抉擇。

為何是國中而非高中呢？因為基礎要越早打下越好，若說小學還年紀太小，那麼國中生已經十二、三歲了，在古時候，這個年紀都已被視為大人了。在現代，國中時期也可以開始學會為自己的職涯負責。

愛之深，責之切，一個溺愛孩子、保護孩子的父母，以為讓孩子到大學畢業再接觸社會就好，這樣反倒是害了孩子。國中時期就接觸及開發興趣，是張芳榮的衷心建議。

可行的作法是，國中時期就有很多社團及接觸實業的機

會，包括機械、藝術、農業、裁縫等等，學校可以有金工社
團讓孩子試著接觸，可以有電工社團讓孩子在安全範圍內認
識電，這些社團父母都不要擔心孩子會「誤入歧途」。

畢竟孩子的人生是他自己的，也許父母希望孩子有朝一
日能夠成為經商大企業家，但是對不起，如果孩子本身不愛
商業卻喜愛金工，父母卻強迫孩子去念商，那不是為孩子
好，而是為了一己之私，圖的是自己的夢想，而非孩子真正
的夢想。

千萬別說這樣是在保護孩子，要知道，父母是不能一輩
子陪著孩子的，當你用錯誤的方式綁住孩子的前半輩子，到
了孩子後半輩子自己走的時候，就有許多的痛苦，這是很悲
哀的。

因此，做為「五加一」的第一件事，也是職涯發展最重
要的一件事，就是確認自己的興趣。一開頭就錯了，後面再
怎麼努力都是錯。即便後來成為有錢的企業家，也是個不快
樂的企業家。

🔵 年輕人要立志，也要理智

努力重不重要？當然重要。但如果你問遍每個企業家，他們可能會告訴你，努力不是第一重要的，「用對方法再努力」才是重要的。

企業家們最怕的一種情況是，員工看起來很努力，結果卻對公司沒帶來什麼正面效益。例如，員工天天加班到月上中天，老闆高興嗎？不一定高興，因為員工忙半天也不知在忙什麼，還得支付他們加班費。就算採責任制，也有額外的電費及空調支出。

最好的方式還是有效率的努力，員工準時下班，老闆也高興。企業如此，個人更是如此。

二、趨勢

如同前面所說，一個人如果專業興趣不在那裡，那就算努力半天也可能沒效用。例如一個對機械一竅不通也沒興趣的人，硬是要他去操作機器，就算努力了老半天，也沒什麼成效。另一件很重要的，和努力相關的事，那就是努力必須

結合趨勢。

　　想想一個悲哀的情況，一個從小被栽培想成為攝影師的人，熟悉膠捲底片的種種操作，但是當他長大之後，攝影已經完全進入數位時代，他的所學大半派不上用場；或者一個人想進去金融圈熟習銀行實務，但當他成長後，卻發現面臨 Fintech 時代，銀行大幅裁員，線上支付大幅取代臨櫃繳款。

　　難道他們不努力嗎？他們很努力。但時代的巨輪卻轉到一個他們沒想到的方向，乃至於空有一身技藝，卻幾乎無用武之地。

　　以學校教育來說，經常會有這種狀況，某個時期半導體產業當紅，屬於電機類科系就瞬間成為爆紅科系。某個時期市場上很缺設計人才，於是和設計相關的科系如雨後春筍般成立，到頭來產生的結果卻是設計人才供應太多，造成另一波的失業潮。

　　努力不一定有好結果，商人最懂這個道理。如果一個判斷錯誤，努力越多，反倒賠的越多。好比說，冬季將至，工廠努力生產許多暖暖包、羽絨衣等禦寒衣物等，結果不幸卻

遭逢暖冬，整個冬季的天氣從來沒有冷到需要穿大衣，更別說羽絨衣的地步，努力生產的保暖用品呈現大量滯銷，生產越多賠得越多。

所以做為五加一職涯學第二個關鍵——我們一定要懂得趨勢。

張芳榮常鼓勵年輕人，不要總是只看眼前，他也要請企業的前輩們，不要老是想將自己工作的那套經驗硬加在年輕人身上。以張芳榮自己來說，他在珠寶領域有豐富的經驗，他的珠寶專業可以傳承，但他不會規定新人一定要照他的方法做。因為就連張芳榮本身，也經歷過珠寶技術的許多轉變，包含電鍍的技術、設計的觀念，不同時代都可能有不同時代的作法，如果硬要別人按自己的作法走，那就是食古不化。

因此年輕人要抓住的不是古人的作法，而是智慧的核心。如同張芳榮引為企業核心的太極管理學，《易經》的道理，有變與不變。變的部分是什麼，是時代的趨勢；不變的是什麼？張芳榮認為，不論各行各業怎麼改變，不變的一件

事，就是都是要面對「客戶需求」。

任何時代，職涯不變的三個關鍵步驟，就是「買」、「賣」與「平臺」。

曾經是膠卷的時代，如今變成了數位時代，使用工具變了，但一樣有人要買相機，只是變成買照相功能強的手機。

曾經是現金交易，變成 ATM 轉帳交易，又變成信用卡交易，乃至於現在用手機也可以交易，但平臺變了，金流還是存在。

曾經是打字機為主，變成電腦為主，後來又變成手機平臺為主。曾經是菜市場為主，變成百貨商場為主，後來又變成網路商城為主。

但你在不在？你要不要買東西？他在不在？他要不要賣東西？這些事是不變的。

張芳榮提醒年輕人，可以先找出自己興趣，再來想想這個興趣的未來相關。例如有人喜歡房子，他對建築物架構很有興趣，那麼他可以當個建築師。但若是覺得開建設公司的資本額太大，自己可能沒有辦法，也可以改朝設計裝潢領域

發展。

如果覺得室內裝潢可能牽涉太多領域，自己不想要那麼複雜，那你可以專業朝水電技術發展，負責幫房子做水電服務。或者覺得一家一家安裝太累了，那也可以變成水電相關的零組件供應商，將零組件賣給幾千幾百個水電師傅。

你可以兼顧興趣，又能夠照顧自己的未來。

這個未來不是空中閣樓，也至少不是畫地自限。

要怎麼做？張芳榮鼓勵年輕人多方學習，多吸收資訊，可以學習分析世界未來趨勢。張芳榮也鼓勵年輕人可以有學習對象，但不要依賴那個對象。因為這世界沒有什麼一定是永恆的，光看每年那斯達克市場的企業英雄們，五年前的前五十大，五年後可能已經大幅洗牌，大半企業都不見了。

未來的標準可能是你來建立的，不要讓自己被現代的標準綁住。

柯達公司曾經是照相器材的龍頭老大，再怎麼悲觀的人也猜不到這家公司會沒落。畢竟這家公司有錢有勢，也有研究單位，當數位潮流來臨，難道他們看不到嗎？他們當然

看到了，甚至比大部分的人都早知道，只不過他們太有自信了，被自己過去與現在的成就綁住了。直到發現大趨勢不對，也曾想急起直追，發展數位科技，但終究來不及了，最後整個被時代淘汰。

這樣的現象也發生在手機市場，曾經也是風光一時的Motorola以及易利信，那都是世界尖端的企業，最後也是被時代淘汰。那些曾以這些企業為標竿的年輕人，也不用因此感到失望，因為這就是時代發展的必然。你一定要抓住趨勢，才能守住一生。

對電腦工程有興趣的年輕人，趁著學生時代學會基礎，但也要有自知之明，未來的電腦應用絕對和今天不一樣。對烹飪有興趣、對機械有興趣、對銷售有興趣，也都是一樣，如果你今天是二十歲，那麼十年後當你想用你的一技之長在社會闖一番事業時，彼時要考慮的社會條件可能已經跟今天大大的不同。

要如何因應未來呢？這世界上沒有人真的有預知能力，你只能多觀察。因此還是那句話：「時代會變，平臺會變，

但這世界永遠會有買方、賣方，也永遠會有需求，找出你在食、衣、住、行、育、樂任一領域的立足點。」

　　早點學會基礎，早點奠定職涯的不敗地位。年輕人要立志，但也請聰明的立志，當你穿著鎧甲騎著駿馬衝鋒陷陣，請確定十年後那個戰場還在原地，也請確認你是戰場上被需要的人。

第十二章　做個大格局的人

　　沒有一條路是輕鬆好走的。有的路可能比較平順，但就是要繞大遠路才能到得了目的地，有的路看起來是捷徑，卻是險阻處處、顛簸難行，這就是人生的真實樣貌。

　　年輕人也許覺得開餐廳很賺錢，自己也喜歡烹飪，更何況「民以食為天」，就算是再過一百年、兩百年，相信開餐廳這種事也不會被淘汰。所以就去開餐廳吧！但真的有那麼簡單嗎？你會想開餐廳，別人就不會想嗎？為何我們去逛商圈時，經常每隔一段時間再去逛，就會發現很多店家不見了？他們去哪了？當然是關門倒閉了。

　　再者，開餐廳好賺嗎？有沒有想過，每天清晨三點多就要起床採買，忙到早晨開始備料，接著十點多開始打理餐

廳，之後從中午一直忙到深夜，整理完餐廳回家沒睡多久又要起床去採買。這是你要的人生嗎？做任何行業前，都要想仔細。

天底下沒有那種什麼好康都享盡的工作，就算有，每天無所事事，心靈也會空虛無聊。

有關五加一職涯學，前面談過兩個最基礎的「興趣」加「趨勢」，現在則要來談兩個重要的立世基礎，那就是「觀念」與「態度」。

三、觀念

隨著全球化的腳步，透過網路，全世界都可以線上相連。都已經進入這樣的時代了，許多人就覺得，那些老祖宗的東西，什麼四維八德都已是骨董了，談那些禮俗教條的，都是跟不上時代的人。

然而，全世界的老闆們都知道，事業經營越要久遠，到頭來，穩定世界的關鍵不是自己比其他競爭者要高出多少的專業 Know-How，不是自己的廠房設備採用多新穎的科技，

所有的企業都一樣，營運的核心關鍵還是人。

　　而對企業經營者來說，人的能力重要，但人的品格絕對更重要。所以有很多的企業主面試新進人員時，如果只能有一個錄取名額，當面對的是能力強一些但品行無法信任，跟一個能力差一些但品行沒問題的，那寧願選擇能力較差的那一位。這時候，你就會發現老祖宗的智慧真的很重要。

　　有時候那些影響是看不出來的，但卻深深改變一個人的氣質。一個人不一定要詩書禮樂都懂，也不一定要張口閉口「之乎者也」，但所謂的家教，若是從小家庭就能賦予正確的觀念，也就是傳統中四書裡講的道理，不論是尊師重道、敬重長輩也好，行為舉止要得體、合乎禮儀也好，這樣的孩子長大後，自然可以在做人做事上都能達到一定程度的合宜，這種人在職場上通常也較受歡迎。

　　再來談到觀念。每個人都有很多觀念，什麼價值觀、愛情觀、人生觀、金錢觀等等，但「五加一職涯學」所稱的觀念，就是基本職場上的做人做事觀念，也是引領一個年輕人進入人情世故世界的根本。

在職場觀念中，最簡單也最基礎的一句話，就是「己所不欲，勿施於人」。白話一點來說，就是「自己不喜歡的事，也不要強加給別人。」

簡單來講，當有人來拜訪你時，你喜歡對方講話無理，對你很不客氣嗎？或者動作粗俗，看到桌上的東西不問一聲就拿起來翻看？如果你不喜歡這樣的事，那麼當你去別人的公司作客時，當然也不會有那些行為。

家長就該培養一個孩子對社會的認知，一般家長都知道，當水燒開了很燙，要小孩不能碰。但可能再進階的，例如去別人家中要有禮貌、對長輩要尊敬等等，就不一定有教。如果因為父母忙而疏忽這塊，偏偏學校又只顧教導功課，沒有做生活教育，那這個孩子就可能沒有打好做人做事的基礎。

所以張芳榮非常強調，一個孩子到了中學時代，不只要找到自己的職涯興趣，師長也要時時糾正他們做人做事的態度。許多的家長把自己孩子當成心肝寶貝，如果老師打兒子，就一狀告到校長那裡；孩子有缺什麼，省吃儉用也要幫

他買到。這樣的教育是錯誤的。

　　任何一個人職場人要培養的基本觀念，就是做人要誠信、做事要負責。所謂誠信，就是你要「說你所做，做你所說」；所謂負責，就是你接受一個任務，就要把它做好，而要做到這樣的關鍵就是執行。

　　觀念經常是從小養成的，例如一個孩子從小就生長在鄉下地方，每天見到的都是老人為主，習慣的生活步調是慢悠悠的；有的孩子在都會長大，每天見到的是緊張的節奏。但當長大後，就算一個鄉下人來到都市工作，幾年後也可以調整生活節奏成為都市節奏。唯有一個觀念，若沒打好，那就影響一輩子，那就是做人做事的觀念。

　　當一個人的觀念少了做人做事的準則，變成一切以成敗做依歸，那麼就算很有聰明才智，也具備專業，在職場上透過各種手段，陷害、逢迎拍馬、扯後腿……無所不用其極，最終成為一位總經理，然而這個人是「成功」的人嗎？

　　若以世俗的定義，他可能資產破億，擁有許多光鮮亮麗的頭銜，但卻因為踩著別人的血汗爬到高位，一輩子得不到

尊敬。你說他是成功還是失敗？

因此，在迎向未來職涯，找到興趣符合趨勢，但也要讓自己是個頂天立地，有著正確道德觀念的人。

談道德似乎太迂腐，但卻是千古以來不折不扣的真理。職場人也具備多種身分的，他可以是個總經理，但同時也是妻子的丈夫、孩子的父親、社團的幹部，以及鄰里間的一分子。企業上他可能是成功的總經理，但走出辦公室，就看得還是他的做人做事。

因此，懂得立身處世才是真正成功的人。

四、態度

至於態度，更是張芳榮經營事業二十多年來非常看重的。

他也希望年輕人，不論將來要從事哪一個行業，都能擁有令人尊敬的態度。

張芳榮喜歡舉一個故事做例子：有一對夫妻老來得子，很寵那個兒子，乃至於那孩子什麼事都不會，連吃東西都要等人家餵。有一次夫妻倆要到遠地經商，怕孩子餓著，就做

了一個很大的餅套在兒子的脖子上，要是他肚子餓了，只要把頭一低，就可以啃到餅，於是夫妻倆便出門了。

不巧碰到天災阻礙道路，所以比原定行程晚了幾天回家，沒想到一回到家，看到兒子已經餓死了。為什麼明明脖子上有餅，而且分量絕對足夠，兒子卻還是餓死了呢？原來兒子連轉個餅都懶，當他把面前的餅吃完後，懶得把脖子後面的餅轉到前面來，就這樣餓死了。

這是很誇張的故事，但不幸的，職場上很多年輕人的工作態度就是這樣，長官交辦一句，才做一個動作。

他們當然不是智商有問題，而是態度有問題。他們內心想著，上班就是來領錢的，每天的任務就是從上班時間撐到下班時間。公司願景干我何事？反正老闆賺大錢，也是老闆家的，自己再怎樣也是只領死薪水而已。但他們沒想到，當他們一心只顧自己，不去管公司時，最終損失的還是自己。一來學不到經驗，累積不了實力，二來培養了懶性與不負責的習性後，終身難改，不管到哪裡終究都一事無成。

這種現象其實也很普遍，只是程度高低不同而已，偏偏

這正是企業最重視員工的事情，態度不對，一個人即使學歷再高、每天穿得再體面也沒用。

　　真正上級交辦一句才去動的這種情形比較少，畢竟到了這種程度的人早就被開除了，但多的卻是，才下午三點就頻頻看錶等待打卡下班，或者下班時間一到，明明手上的事情還沒處理完卻立刻丟著不管，顧著打卡走人。

　　這種心態也表現在與人互動上，可以順手做的事，卻抱持著「與我何干」的態度，只顧自掃門前雪。處理工作出了狀況時，第一個反應就是推卸責任。還有與主管溝通時，對於工作專業沒那麼懂，倒是對勞基法規有去研究，老是強調自己的勞工權益等等。

　　這些不只是張芳榮覺得年輕人非常不可取的行為，也是所有的企業都不喜歡的。其實將心比心，如果在家裡，自己的兒子跟你說：「爸，每天給我零用錢，負責供應我三餐，其餘我要幹嘛是我自己的事。」那做父親的會有何感想？但當一個人在企業服務，只關心自己的薪水，關心自己的福利，卻不願對公司盡心，那就正是這種情況。

　　態度不對，任何事就都不對了。就好像去釣魚，先不管你技術好不好，至少你要懂得準備魚餌吧！或者在餐廳端盤子時，老闆交辦你那個客戶要隨菜供應大蒜，你卻聽成是洋蔥，做事漫不經心，這樣的態度，一生都將無所成就。

🔹 站在高視野，擁有好肚量

　　前面提到的四件事，都是職涯人的基本。

　　如果工作不依照自己興趣，那麼一生會不快樂，也很難在事業有成就。

　　如果工作不符合趨勢，那麼輕則事業格局有限，重則面臨時代淘汰。

　　如果工作觀念偏差，那麼在怎樣的成就，都無法抵過一個人在品德上的缺憾。

　　如果工作態度不佳，那麼職場上永遠不受歡迎，也難以更上一層樓。

　　但就算做到這四點了，那也只是做到基本功而已，要在職場上有更高的境界，還需提升自己的視野格局。

五、視野

視野很重要，但聽起來也很抽象。舉個例子吧！山野村子裡的村民，每天過著辛勤的生活，連飲用水都要走很遠才有溪流可以打水。

有一天，村中幾條原本乾涸的溝渠忽然冒出水來了，村民非常興奮，以為這是大好的消息，只有一個年輕人，總覺得這水來得詭異，後來他攀高從附近山嶺看去，才發現事情不妙。他們原本打水的山溪，源頭是高山上的一個湖，那個湖不知什麼原因，邊壁已經逐漸崩塌，水逐步流出，流到山谷裡，所以山村的溝渠才會開始冒出水。

若湖壁整個崩塌了，將會是一場大災難，於是年輕人趕緊回村裡通知大家逃難，村民才剛逃離，整個山湖就崩塌，把整個山村所在地都淹沒了。

生活中很多事都是這樣，很多的災難不是突然發生的，都有一些前兆。好比說雷曼兄弟風暴，或者臺灣的幾次金融危機，絕不會一點預警也沒有就出狀況，只不過初期的徵兆非常不明顯，只有具備視野高度的人才能察覺。

　　壞事如此，好事也是這般。許多人可以「聞到商機」，其實那些人並不是有預知能力，只不過透過平日觀察及更深的內心思維，可以比別人更早一步看到機會。

　　所謂視野，具象來說，當然就是站得越高、看得越遠，做生意或者在職場上服務也是這樣。舉一個實際發生的案例。某個廠商依照合約出一批貨到對岸，一切都依照合約規定，但沒想到買方簽收時卻百般刁難。硬要說這裡有問題，那裡不滿意，總之就是想退貨。

　　照一般的情況，雙方若是鬧得不愉快，賣方的貨賣不出去，買方也拿不回當初付的訂金，結局只會是雙輸。但賣方是個很有遠見的人，他用心想了一下：「不對啊！這個買方當初簽約的時候態度都很好，也不像是會做不誠信事情的人，怎麼會收貨時反悔呢？」

　　經過明查暗訪果然查出，原來這個買方因為發生財務問題，正忙得焦頭爛額，根本沒錢支付貨款，所以才會隨便找藉口來退貨，若能拿回訂金最好，至少也不用再付尾款了。

　　正常情況下，賣方可以興訟或找對方理論，但賣方老闆

很睿智，他主動聯絡買方，跟他們說：「唉呀！你們的事我都知道了，企業經營難免會有困難。這樣子吧！你們正缺錢，那麼既然你不買貨，我也把訂金退還給你們，讓你們多少解一些燃眉之急。」

至於已經出的貨，賣方靠著過往的人際關係，以及降價求售，多少把貨賣出去了，雖然多少賠了一點，但不致對公司帶來多大的影響，但他在關鍵時刻對買方做的善舉，卻產生了大影響。最後，買方的危機解除了，加上他們原本實力就夠，只是不巧發生周轉不靈，如今危機解除，於是回過頭來，自然大大感恩賣方。

結局如何，讀者也一定猜得到，買方為了終身感恩賣方，公司制定一項規則，規定要進該類貨品一定找這個賣方。並且父傳子、子傳孫，世世代代都下訂單給這個賣方。

這就是那個領導人的遠見，也因為他具備視野，所以當初能做那個決定。

在職場上，你是否可以具備一定的高度，懂得不要被眼前的局勢所困？眼前的各種現象，看起來是好事，不一定是

好事，看起來是壞事，也未必沒有破解之法。唯有視野格局
夠高的人，才能做出正確的抉擇。

六、肚量

　　談到「五加一職涯學」的最後一項，同時也是很關鍵的
一項。所謂五加一，為何是「加一」？因為肚量跟前面的五
個都有密切關係，也就是說，把肚量因素加進來，前面五個
才會圓滿。

　　首先和肚量最有密切關係的，不是別的，而是前面提到
的「視野」。說起來，這兩件事可說是息息相關的。

　　一個人若不具備肚量，就很難具備視野。當然也有特殊
的情況，例如三國時候幾個知名的軍師，如諸葛亮、龐統、
司馬懿等，能做到軍師，當然都是眼光看得比較遠的人。然
而，因為肚量問題，有的人雖看得遠卻氣量小，不能容人，
終究難成大事。

　　肚量，用比較口語化的方式說，就是不要什麼事都斤斤
計較。經常太計較的人，都只看到眼前的利益，就像前面提

過的退貨例子，對一個斤斤計較的人而言，絕對不可能做出把訂金退還的決定。

而對現代人來說，肚量小的人，每天計較的是誰賺的錢比我多？老闆對誰比較好？人比人，氣死人，整天都處在生氣的狀態中。

想一想，在這個世界上，95％的人都是財富中等以下的人，5％的財富是那些真正大企業家所有。但這95％人最關心的是什麼事呢？多數人關心的是錢，結果越計較錢的人，反而越賺不到錢。反倒那5％的大企業家，幾輩子都不擔心錢，他們最關心的是整個人類的需求，結果反倒他們賺得錢越來越多。

回歸到整個五加一職涯學。

在我們選擇未來行業時，肚量小的人只看到眼前，容易只選擇現在有利益的行業，卻不是符合將來需求的行業。在生活應用上也是，只守著自己知道的東西，結果趨勢來了，自己則是被趨勢淘汰的人。

在家庭教育上，肚量小的人，教育孩子也是自掃門前

雪，這樣的孩子長大後，不論工作的觀念或態度都不對，無法在職場上得到認可；有肚量的人，不期待大愛大善，但至少要守住小善小愛。

　　基本上，能夠肚量大點，世界就會寬一點，視野也會高一點，做人做事觀念正確，態度令人欣賞，你就會是一個好的職涯人。

第七部

訂製獨一無二的美麗

第十三章　擁有自己的珠寶

　　介紹過東龍珠珠寶的發展史及事業經營理念，最後我們再來回過頭來，談談珠寶的入門觀念。

　　你想擁有珠寶嗎？相信任何人，只要有足夠的金錢。都會想擁有自己的珠寶。不只女性如此，男性也是如此。自古以來，英雄愛美人，丈夫疼嬌妻，表達心意最基本的作法，就是獻上璀璨美麗的珠寶。一顆閃亮亮的珠寶，可以勝過千言萬語。

　　珠寶並不是生活必需品，除了做美麗的裝飾品外，沒有其他用途。但也因此，擁有珠寶主要是為了象徵性，既然是象徵性，那麼反倒非常貴重。多數人一生中只能擁有有限的珠寶，而且多半時候，這些珠寶比金錢更能代表傳承的意

義。這麼重要的東西，當然最好是獨一無二囉！

　　但是只要提起「獨一無二」，人們第一個聯想到的就是「昂貴」。

　　的確，若要獨一無二，就一定得訂製。這世界上，只要是訂製的，絕對比零售購買要貴上許多。

　　只不過，所謂貴，也不是一般人心中認知的「高不可攀」，就算是小小的金額，也是可以擁有訂製珠寶的。

東龍珠珠寶與珠寶訂製潮流

　　想要擁有獨一無二的珠寶有不同方式，最簡單的方式，就是在上面刻字，或者在選購時請珠寶公司做簡單的修改。例如原先首飾上有幾個小小圓形金飾，刻意把數量減少一些。一旦成品出來，廣義來說，也算是獨一無二的珠寶了。

　　當然，這只是精神上的自我安慰，消費者內心也知道，就算是請珠寶公司特別在戒指上面刻了妻子的名字，再印上心型，本質上，這個戒指仍只是量產款式中的某一只。就如同我們去市場上買書，於書上簽了自己的名字，大家都知道

那是你的書，但不會因此而讓這本書變成珍本。

如何擁有真正「獨一無二」的珠寶，重點就在設計。這個設計，必須是客戶自己提出的，透過珠寶公司將設計呈現出來，這才是真正的客製化珠寶。

所謂設計，不只包括你希望這個首飾或珠寶製品呈現的樣貌及感覺，也包括你希望搭配什麼主石，以及多少飾石。

說起客製化，其實珠寶的客製化歷史非常久遠，早在古早時代，那時哪裡會有珠寶公司？千百年前只有皇室及貴族才能擁有珠寶，當時的珠寶多半都是「客製」的。

然而隨著時代不斷嬗遞，可以擁有珠寶的人越來越多，珠寶產業早已變成一種規模工業。這個時候，商業主宰了市場，絕大多數的人們，購買的都是商業化量產的珠寶。但即便如此，仍有一小部分人，特別是貴族，主要還是以客製化的形式訂製珠寶。

當有珠寶訂製需求的時候要找誰呢？幾年前，如果想要訂製一個首飾給妻子做為結婚周年的紀念禮，最好提前一年就做準備，然後委請知名的珠寶品牌公司，和他們開會然後

下訂單。順利的話，一個月內可以交貨，但如果遇到情況特殊，可能要一年半載，才能把所需的珠寶交到客戶手上。

　　接受委託的這家珠寶公司，通常只是一個代理商，例如國際知名珠寶品牌的代理商，本身並不擁有自己的工廠。收到訂單後，還需將單子轉移到國外，或者委請臺灣在地的工廠製作。東龍珠珠寶最早就是屬於接受這類訂單，以 OEM、ODM 方式設計生產珠寶。

　　東龍珠珠寶從 1993 年創業到 2014 年擁有自己的品牌「Brilliantia」，在這段超過二十年的期間，都扮演著代工廠的角色。創辦人張芳榮先生，可以說是見證臺灣珠寶產業發展史的第一人，他不只看著臺灣的珠寶產業如何發展，也熟悉整個世界的珠寶工業歷史。

　　二十年前創業時，臺灣當時有幾家公司擁有基本的珠寶設計及製作能力。但在 2000 年後，一家接著一家都放棄了本土市場，外移到中國及東南亞。那時候，只有東龍珠珠寶堅守臺灣，張芳榮看出未來發展趨勢，他知道遲早有一天外移的工廠仍會面臨勞工成本上漲的困境。

為了長遠之計，他寧願辛苦扎根本土，用時間建立自己的技術 Know-How，培育自己的人才班底。畢竟，機器設備好買、商業行銷也容易，珠寶產業最困難的一環還是技術專業人才。

　　經過十幾二十年的發展，如同當年張芳榮所料，赴海外的珠寶公司，後來面臨了經營上的困境，再想回臺灣，實力已遠不如深耕本地的東龍珠珠寶。相對來說，東龍珠珠寶用心耕耘，建立了臺灣第一家也是目前唯一一家，可以做到整個生產作業一條龍的本土設計品牌。

　　原本，東龍珠珠寶以其專業，接受其他珠寶公司的委託做設計及代工。但因為本身只是工廠，所以當時不承接個別消費者的訂單，直到 2014 年有了自有品牌後，東龍珠珠寶已經可以接受消費者個別的訂單，並且在這方面的客戶越來越多。

　　張芳榮先生很早就看出這種趨勢，以專業術語來說，就是「C to B」。2016 年底，中國阿里巴巴的創辦人馬雲就曾提出迎接未來社會發展，要具備五「新」的概念，其中的

「新製造」，指的就是「C to B」客製化生產的觀念，馬雲認為這是為網路平臺發展的一定趨勢。將來如果想買手機，有可能直接上網指定手機要長什麼樣子，請廠商客製化生產出來。

　　而張芳榮先生很早就看出，珠寶產業也會走這樣的趨勢。2014 年打造「Brilliantia」品牌時，行銷的主 Slogan 就是「鑽石鉑金訂製第一品牌」，這就是珠寶產業的 C to B。

🔵 如何訂製專屬珠寶

　　知道可以擁有專屬珠寶後，當我們在特殊的日子裡想擁有不凡紀念價值的珠寶時，就不會只有去百貨專櫃或珠寶銀樓挑選這樣的選擇，而是可以自己坐下來，好好整理一下思緒，將心目中的夢幻珠寶有個簡單的雛型，接著透過像東龍珠珠寶這類的專業設計及製造公司，就可以圓夢。

　　相信一般人提起訂製珠寶，第一個想問的問題就是：「訂製珠寶很貴吧？」

　　的確，高端的訂製珠寶價格不菲，甚至一個人窮其畢生

累積的財富都無力負擔。但請不要聽到這裡就退避三舍，既然有所謂「高端珠寶訂製」，就一定有相對的「平民化訂製」。所謂訂製，價格彈性非常廣，基本上，小至萬元，大至千萬都可以訂製。畢竟以寶石來說，價格範圍也是從萬元內的碎鑽，到近乎無價的寶石都有。

那麼最低的訂製需求價格是多少呢？我們的建議大約是三到四萬臺幣預算，就可以訂製專屬珠寶。如果價格要再低，不是不能，只不過寶石原本就有一定的價格，加上貴金屬及設計費用，太低的預算只能用最低品質的小寶石，那麼建議直接買成品比較實際。

以下是珠寶訂製的流程：

一、擁有想法

這是最基本的，一個消費者不能只因為想擁有「獨一無二」的珠寶，就跑去專櫃說他要訂製珠寶。當他提出需求後，專櫃人員就會問他需要什麼樣式？如果沒有想法，至少也要提出一個心中的願景。

此時消費者可以做的是：

1. **直接闡述心中的藍圖**：例如母親節到了，想給母親一個驚喜，知道母親喜歡荷花，希望珠寶的設計上有荷花的感覺。類似這樣的藍圖，是委託訂製時最基本的需求。

2. **描繪想要的效果**：有時候客戶需要引導。例如上面那個客人，也可能他想送給母親一個驚喜，但想法還很混亂，不知該怎樣做。此時珠寶專業人員可以藉由問問題的方式，例如問他：「母親喜歡什麼？」、「她有什麼收藏習慣？」等等，經過誘導，客戶就會想到：「對了！母親喜歡荷花，可以以荷花做意象。」

3. **自備參考素材**：通常客戶要求訂製，不會只有簡單的想法，大部分人可能會準備簡單的參考素材：

   (1) 草圖：可能由客戶自己用手畫一個簡單的樣子，好比說一個花形的項鍊。

   (2) 參考文宣：曾經有個客戶，因為女兒喜歡維尼

小熊，今年生日他想送她維尼小熊項鍊。為此，他還準備了一張他去迪士尼樂園找來的商品DM，上面有類似商品可做參考。不過在實際設計作業上，當然不會抄襲，只能做為參考依據。

(3) **參考意境**：有的時候，客戶有想法但無法具體表達，可能不像維尼小熊或荷花有個具體的形象，而只是一種「感覺」。例如他可能拿來一張莫內的畫，希望設計出這種「意境」等等。

4. **提出需求**：萬一客戶沒有設計的想法，但有設計的需求，例如，他在公司周年慶的這天，想當場向一起打拚的女友下跪求婚，給她一個驚喜。但要送什麼呢？這時珠寶專業設計可以透過問話，例如公司生產什麼樣的產品、周年慶當天有什麼特殊活動……等等，根據客戶提出的資訊，再來設計出符合當天情境需求的珠寶。或者會詢問客戶是什麼情況下要送珠寶，是結婚周年、母親慶壽或者女兒畢業禮物……，了解需求後，就比較有設計的方向。

二、進入設計流程

　　基本上，珠寶設計師的工作，是把客戶的夢想或藍圖以具體的圖稿呈現，圖稿只要經過雙方認可簽名確認，就會正式進入珠寶公司的作業流程。

三、進入採購程序

　　在珠寶進入製作過程時，有一個很重要的步驟，就是採購。有些客戶會自己購買石頭，再委請珠寶公司設計。但大多數時候，客戶只有想法，本身並不會提供各種材料，此時珠寶公司就要依照客戶的需求，購買相應的寶石。採購有兩大考量：

1. 客戶預算：客戶有多少的預算，決定要購買的寶石等級。如果是高端客戶，那麼寶石的採購，可能要花上很長一段時間。但如同「Brilliantia」文宣所說，訂製後，可以 15 天內交貨，這是屬於比較平民的訂製，因為預算較少，所以採用的寶石比較容易買到，交期也比較快。

2. 客戶意境：所謂訂製，就是要有屬於客戶的不凡設
   計，而這個設計一定要符合客戶指定的情境，搭配
   設計師的專業，針對客戶要的情境，一定會有適合
   的寶石。這樣的寶石規格如何？色澤如何？這些都
   是選購所考量。

四、製作流程

當採購完竣，才能進入珠寶製作流程。於一定期限內，
將珠寶交給客戶。

第十四章　不凡的珠寶意義

　　珠寶不是實用的東西，既不能吃，也不能做為工具，除了美觀外，似乎一無是處。但從古至今，珠寶卻對人類歷史有一定的影響力。多少朝代的更迭，做為推翻朝廷的一方，是以珠寶權位作為誘惑，用來激勵士氣？又有多少貴族之間的鬥爭，和珠寶有著關係？自古以來，所謂不愛江山愛美人，這些美人，誰又少得了珠寶襯托？

　　能夠登上歷史舞臺的珠寶，自然不會是我們隨便在百貨公司就可當場選購的珠寶，一定是價值連城，寶石本身就很珍貴，加上設計樣式獨特。這樣的寶石，通常不會只有單一顆寶石，而是以套組的形式訂製。

　　寶石本身非常的珍貴，採購的過程也非常不易。

用專業塑造美麗

　　珠寶的價值來自於什麼？除了珠寶本身的珍稀外，很重要的就是珠寶公司如何塑造這顆珠寶？由於這部分是如此的專業，以東龍珠珠寶來說，最自豪的特色，就是擁有二十年以上的製造及採購專業。這樣的專業，是其他珠寶公司難以望其項背的。

　　珠寶的採購怎麼專業呢？假定今天皇室下了一張訂單，想要訂製一個寶石套組，這個套組可能包含了十顆寶石。那麼，接下來一般人可能會認為，只要找出十個寶石，再專業鑲嵌上去就好，反正設計圖已經出來了，只要製作精美一點就好了，不是這樣嗎？

　　之所以會這樣想，那是因為一般民眾把寶石的性質比照成一般的商品了。今天我們要成立一個車隊，可以購買十臺一模一樣的跑車；開公司要打造形象，也可以讓所有員工穿一模一樣的制服。

　　但要設計一個珠寶，可以輕易的讓十顆珠寶都「一模一樣」嗎？答案當然是不可能的，這不是技術問題，而是大自

然的現象，在這個世界上，不可能會有兩顆完全一模一樣的寶石。

以鑽石來說，要找到「相近的」可能性比較高。因為寶石透過切割，只要一開始就找到同等級的鑽石，那困難度較少。但所謂困難度較少也只是相對的說法，和寶石做比較，鑽石的採購比較容易，但兩者其實都很難。

例如以紅寶石來說，要找到十顆「相近」的寶石，包括大小、色澤、質地都相近，那真的必須走遍世界各地，由專家一一尋訪，才有可能蒐集齊全。特別是色澤這一項，一般人以為不都是紅寶石嗎？但當你真正隨機拿起兩顆寶石來看，就會很明顯的發現兩個色澤就是不一樣，放在一起就是不協調。

假定今天皇室訂製一個套組，要完成任務可能需要好幾年。依隨套組上的規格細節需求越高，所需完成的年限也就越長。也許有人會好奇，現在不是網路發達的時代嗎？難道不能上網查詢，從網路上看到寶石的樣貌下訂就好？

很多商品可以網路下訂，但高端寶石卻只能親自到現

場，因為寶石是很專業的學問，網路上頂多可以看到大致樣式，實際的規格，包括成分認證、色澤是否正確，在網路上看跟實際看，經常有很大的落差，這些都需要專業人士鑑別。一個珠寶公司的採購人員，絕不是任何人都可以應徵勝任的。

寶石採購困難還有一個主要原因，就是寶石的源頭被嚴格管控。一般消費者就算捧著大把鈔票，也無法直接向源頭購買鑽石，這個行業是有嚴格分工管制的。

因此，當一個套組假定需要十顆紅寶石，在設定每顆寶石的規格後，這十顆的來源就要由專業採購到處去蒐集。可能這顆來自非洲，那顆來自中國，另一顆又來自澳洲，每顆都要經過細心挑選。

過程包括蒐尋的成本、飛機來回的成本，以及許許多多去了又白跑一趟的成本，所有都加起來，費用驚人。所以高端訂製的費用，絕對是一般人難以負擔的，也只有皇室及貴族才負擔得起。

或許有人好奇，不能透過原礦石切割成一模一樣的嗎？

說起原礦石，還是要分成鑽石及貴重寶石兩個層面來說。

　　以產量來看，鑽石比紅寶石或藍寶石等貴重寶石要多，但即使如此，仍是很珍稀的，而且鑽石是不能愛怎麼切割就怎麼切割的。一顆原礦石，最符合經濟效益的作法，當然是盡量保有越多珍貴部分越好，因為一顆原鑽的克拉數越高，價值越高。

　　但實際上，礦石的大部分成分可能是比較沒價值的，必須割捨，真正可以用的鑽石大小就有限。如果礦石本身品質比較差，那麼以經濟考量，與其切割成品質不好的大鑽，也許切割成許多品質好的碎鑽還比較有價值，這就是鑽石切割的考量。

　　至於寶石的考量就更多了。寶石的產量更少，切割時更要小心，一點都不能浪費，所以總是依照礦石最原本的屬性，採用最佳切割法，不太會依客戶訂製的大小來切割。

　　如果客戶資金很充裕，願意花大錢找切割師傅直接裁切礦石，還是可以做得到。只是就算如此，品質也難以保證，而且就算做得到，金額絕對是天價了。

由於成就一個套組是那麼的難，高端訂製的珠寶價值非凡，美麗完全來自於一環又一環的專業。

💎 人人可以訂製自己的珠寶

珠寶訂製是很珍貴的事，高端珠寶可不是一般平民百姓負擔得起的。但回過頭來說，既然「Brilliantia」強調是訂製第一品牌，那麼，就會有平民化的珠寶訂製服務。

多半時候，客戶就是一家家的珠寶品牌，他們可能以設計團隊為主力，有了自己的品牌，但他們沒有自己的工廠，就算想設立工廠，也找不到師傅。所以通常的作法是由品牌珠寶提出設計需求，然後以量產方式向東龍珠珠寶下訂。

以量產來看，最大的缺點就是價格被壓低。對客戶來說，既然有辦法下大量訂單，就有權要求工廠壓低價格。所謂薄利多銷，看似生產很多，其實利潤都不在工廠身上。

有人會說，大量生產可以分散成本，隨著邊際成本降低，生產越多，每一個單價成本就越低，就可以產生很多利潤了。問題是，這套理論並不適用在珠寶業。無論科技如何

現代化，有些事機器還是無法做到的。以珠寶來說，有大半的流程都是機器無法取代的。

　　理論上是大量生產，實際上每一個珠寶都需要經過逐一處理。當然，某些環節可以大量處理，好比說基本的鑄模，但在個別的首飾上，每個都需要專業師傅親自處理。

　　也因此，相較之下，珠寶產業更適合迎接 C to B 的社會趨勢。雖然一次只針對一個客戶，但是這個客戶付出的費用不會被品牌商抽走，扣掉基本成本後，都是公司的利潤。

　　這幾年來，已經有越來越多消費者知道怎麼自己聯絡「Brilliantia」的專櫃，表達想要設計的理念。除此之外，也有越來越多的非品牌商客戶，他們雖不是最終端的消費者，但也經常是少量訂製的客戶。

　　例如，以前只有珠寶品牌商大量下單後對外銷售，現在開始有小型個人工作室，願意生產自己風格的珠寶銷售，也有其他業者，例如販賣個性成衣的店家，也會訂製自己設計的珠寶，搭配衣服一同銷售。

　　基本上，人人都可以訂製自己的珠寶，但國內可以提供

這類服務的廠家有限。東龍珠珠寶可以主打「訂製」這個品牌，因為東龍珠珠寶可以解決客戶無法解決的四大問題：

一、認證問題

如果一切都 DIY，客戶也許可以自己買寶石，自己找金工師傅。但不管怎麼做，永遠都要克服的一個問題，那就是寶石的真假判定。就算自認在珠寶鑑定上再專業的人，也不一定可以保證每次買寶石都不會買錯。

與其煩惱這件事，倒不如委託給專業的珠寶公司，保證提供的珠寶一定經過 GIA 認證。若不幸還是發現問題，至少還有珠寶公司可以做擔保，風險不在客戶身上。

二、設計問題

想得到不一定做得到，許多設計師團隊自己創業開工作室，為何最終還是要把珠寶委託東龍珠珠寶設計？因為設計不只是追求美麗而已，還要追求「實際」。

好比說一個設計超級美麗的珠寶，但是在技術上根本做

不到，這些細節，唯有同時兼具設計師以及工廠專業的東龍珠珠寶才能做得到。

三、生產問題

這更是許多客戶最終還是得找專業珠寶設計公司的原因。一個真正專業的珠寶金工師傅太難找了，包括相關的設備，也都需要重金投資，與其煩惱那些施工過程的種種不便，不如直接委由專業的珠寶公司承作。

四、品管問題

最後一個也是客戶經常得面對的問題，就是珠寶的售後服務問題。一個珠寶可能因為人為狀況需要修補，或者因保存不當出現問題，凡此種種，一旦發生問題，要能立刻能找到專業團隊來處理。委由專業珠寶設計公司，就可免除這些後顧之憂。

人人都可以訂製自己的珠寶，專業的珠寶設計公司也會

和你分析，不同預算的珠寶差別。我們都可以理解，一個預算四萬元的珠寶和預算四十萬的珠寶，在品質上絕對會有相當大的落差，我們也不會拿品質不好的寶石，跟客戶說這是品質最好的。

事實上，只要經過認證的寶石都是「好」的，只不過好的等級不一樣，在其細微處，大部分的客戶是看不出來的。

例如同樣是紅寶石，外觀乍看形狀、顏色都一樣，但價格可能差了上萬元，不是因為一顆是真的，一顆是假的。這兩顆都是真的寶石，只不過某一顆內含有雜質，一般消費者不容易分辨出來，但是專業師傅一看就會知道，這個雜質會影響寶石的價值。

訂製珠寶的時候，專業的設計窗口一定會向客戶說清楚講明白，這樣的預算大概可以買幾克拉的鑽石？他們也會依照專業提供客戶預算分配比例。

好比說，與其買一顆主石設計這個戒指，不如採取用一堆小碎鑽營造一種粉彩的感覺。每個建議一定要得到客戶同意後，才能簽約進入正式生產流程。畢竟珠寶是珍貴的，設

計的過程一點都不能馬虎，只要未獲得共識，那麼就不能進入下一個流程。

　　好的珠寶設計公司，重視客戶的決定，因為那是屬於客戶「獨一無二」的珠寶。

第十五章　珠寶如何商品化

這世界上美麗的東西很多，除了大自然以及生命本身外，以人工的製品來說，最美麗的東西，就是設計出來的東西了。小至一枝鋼筆，大到一個建築，經過專業設計，都能夠豐富我們的生活。

在所有設計領域中，與我們最「切身」相關、直接變成我們整體美麗造型一部分的，最重要的兩個項目，一個是服裝設計，另一個就是珠寶設計了。

以價值及影響力來說，珠寶設計攸關一個人的身分，而且通常每個設計後面都有一個感動的故事，諸如代表求婚、代表母愛等等。珠寶設計如何成就他們優質的作品呢？最後就來認識什麼叫做「珠寶設計」。

珠寶設計師是成交的關鍵

珠寶設計是不是一種藝術？

當然，珠寶設計絕對是一種藝術，只不過這種藝術很少如同畫作或攝影作品般，純以藝術面取勝。所有的珠寶設計，一定都有商業用途，如果不能做到商業用途，沒能帶來市場效益，就不是好的設計。

這一點和藝術有很大的不同，畢竟藝術家可以說自己的作品是藝術，反正這種事見仁見智，每個人看法不同。但在珠寶設計領域，就算是藝術家也必須手中握著計算機，唯有能夠配戴到消費者身上的珠寶，才是有價值的珠寶。

因此對珠寶公司來說，設計師身負重任，可以說設計師也是公司中最重要的業務。公司還是會有珠寶業務人員，但成敗的關鍵，往往在於設計師這邊。

讓我們從商品成交流程看起吧！

當客戶有著珠寶設計的需求，他會直接走到珠寶專櫃，向專櫃人員提出需求，此時，一筆生意是否成交，和設計息息相關。

因為客戶可以有不同的採購選擇，他可以輕易的轉換不同珠寶公司提出訴求。為了不讓這個客戶流失，從客戶站到櫃檯面前開始，就要設法留住客戶。

其整體步驟如下：

一、抓住客戶需求

如同前面我們也提過，如何訂製個人專屬的珠寶，關於這方面，客戶不一定會有明確的想法。此時第一線人員，通常是專櫃業務人員，扮演很重要的角色。這個專櫃人員本身不是設計專業，但他必須負責傳達公司的設計理念給客戶，同時也必須把客戶的需求用最快的方式傳達給公司。做為第一線人員，他必須做到以下三件事：

1. 快速蒐集客戶資訊

　　　　(1) 客戶需要什麼品項？結婚戒指？求婚戒指？情人節項鍊？

　　　　(2) 客戶的預算多少？

　　　　(3) 客戶的願景藍圖是什麼？

(4) 目標對象的樣子？

特別是(4)，假定客戶訂的首飾是自己要用的，那麼第一線業務要快速判斷，這個客戶穿著及品味風格如何。這部分非常需要經驗，一個優秀的第一線人員，應該已經閱人無數，一眼就可以看出怎樣的設計風格會搏得這個人的歡心。

如果終端使用者不是客戶本人，好比說他是要送給女朋友的，那麼第一線業務也要能迅速套出這個女孩的情報，最好的方法便是客戶同意提供相片。

一般來說並客戶不會拒絕，畢竟這是為了設計的需要，但若客戶身上沒帶女友照片，或是他基於隱私不願提供，那麼第一線業務要設法和客戶多聊，抓住這女孩的感覺。

好比說她是女強人型的，還是小鳥依人型的，她是健美的女孩，還是嬌弱的女子，喜歡可愛風格，還是現代冷硬風格……等等，這些都是基本情報。

當第一線客戶可以精準抓住客戶的需求，後面的整個流程才會變得順暢。

2. 快速判斷選擇哪位設計師

設計師平常都在公司的總部工作，畢竟客戶來自全省各地，設計師平常不可能駐守在各分店。一旦有客戶上門，第一線業務要能夠快速判斷這個客戶的屬性，比較適合哪一個設計師。

要知道，公司會有個設計團隊，而這個團隊的主管會分配各項設計任務。但設計工作不是全然依照工作分量指派的，主要還是依照客戶屬性，因此，第一線業務承辦人員的意見，是選派設計師最主要的考量關鍵。

公司的每個設計師都有其各自的設計風格專長，如果一開始業務就判斷錯誤，雖然不代表一定會失去這張單子，但過程可能會事倍功半，一個風格不對的設計師，硬要去配合另一種風格要求的客戶，會比較辛苦。

3. 留住這位客戶

身為第一線業務，留住客戶是最重要的事。要能讓客戶相信，他的需求可以在這家珠寶公司得到實現。而具體留住

客戶的原則，就是要訂定下次見面時間，如果客戶不願意訂
定時間，那基本上這個客戶就是沒意願找這家珠寶公司了。
當然，一旦成功訂定時間，也不代表就成交，真正的交易要
下一次見面才登場。此時，設計師就要上場了。

二、設計師腦力激盪設計出草圖

　　來訂製珠寶的客戶，需求時間不一定，有時候約一個星
期見面，那麼設計師就有一個星期的時間做準備；有些客戶
比較急，約兩、三天後就要見面，那麼設計師就只有兩、三
天的時間可以準備；若是更急的，明天就要見面，那設計師
可能接到任命後就要熬夜了。

　　設計部接到來自第一線業務的需求後，聽取第一線人員
的建議，經過設計部主管同意後，會選定某個人做主設計
師。由於每個人手中的設計工作都很忙，基本上每個設計案
都由一位設計師負責，而不採取團隊的形式。但在設計師思
考的過程中，可以跟其他設計師彼此溝通討論。

當一位設計師接到委託案後，他必須根據第一線業務提供的資料，最好還有對方的相片，例如收到那個預計接受項鍊的女孩的照片，設計師要能夠融入情境，想像這個女孩配戴項鍊的模樣。除此之外，設計師還有兩個重要的任務：

1. 做出成本判斷

　　一般來說，客戶會提出需求，也會提出預算，但不會指定細節。假定這個客戶預算是十萬，此時設計師的任務就是要去思考可以做出怎樣的設計？

　　所謂設計，就是將有限的資源做最美麗的應用。假定十萬元預算，那應該要搭配多少價格的寶石，多少價格的貴金屬，這些都要計算好。

　　如果一個客戶只有十萬元預算，設計師卻設計出一款總成本十二萬的首飾，那麼這個設計師就是沒有進入狀況，或者對珠寶不夠專業，算錯成本。真正的規畫是，十萬元的預算，只能花費公司八萬的成本，上限頂多是九萬元，要在這個金額範圍內做設計，才會是有效的設計。

2. 快速分配資源

所謂資源，包括時間與庫存。珠寶公司本身一定有庫存，一個好的設計師，要能依照公司現有的資源，設計出客戶滿意的產品，如此，才能夠用最快的速度，提供客戶需要的產品。

但如果遇到特殊的情況，例如客戶一開始就指定要用怎樣的寶石，此時，一個好的設計師，還必須熟悉公司的珠寶貨源，知道公司可以快速找到什麼樣的珠寶，什麼樣的珠寶則必須花很多時間，這些採購的細節都要考量進去。

三、設計師與客戶正式見面

這部分是客戶是否決定委託訂單的關鍵。當客戶與設計師第一次見面時，客戶只是答應見面，但不代表成交。真正決定是否成交，要看這回合設計師的見面。

設計師必須於指定時間內到達指定地點，好比說這個客戶是在高雄，那麼設計師可能前一晚就必須住在高雄，第二天上午準時赴約。

當設計師和客戶見面後，她只能在有限時間內取得客戶信任，沒有「改天」，不能再約下次見面了，成交必須這回決定。因此，設計師面對客戶時必須注意以下幾點：

1. 快速在現場畫出草圖

透過面對面和客戶溝通，再次確認客戶的需求，並且依照現場的感覺，結合跟客戶溝通的印象，要能夠快速的在現場畫出草圖。

這時候第一線業務扮演很重要的角色，他必須持續陪客戶聊天，同時間設計師則當場畫圖。

2. 要讓客戶看得出珠寶形貌

由於事先已做了功課，設計師憑著自己的功力，要能在短暫時間畫出草圖。這個圖雖說是草圖，卻又不能太陽春，至少要讓客戶看得出珠寶的形貌，並且註明清楚材質。

同時，這張圖絕對不能等到下次給客戶看，必須當場就畫好給客戶看。

3. 至少要準備兩、三個方案

第一張圖畫好後，客戶很少會直接滿意的，通常需要再討論修圖。

如果只是要修圖還比較簡單，只要針對客戶要修改的地方改正就好。比較麻煩的是，這張圖「不是客戶要的」，那麼就要再畫第二個版本。

這也是設計師在出發前要做好準備的，設計師絕不會只準備一個構想就出門，腦袋裡至少要準備兩、三個方案。

4. 客戶只給你三次機會

所有的圖都要當場畫好，第一張圖客戶不滿意，畫第二張，第二張再不滿意，畫第三張。如果畫三次客戶都不滿意，通常這個案子就沒了。

所以設計師一定要在事前做好充分的準備，否則將白跑一趟。如果是從臺北跑到高雄來，就會白白浪費兩天時間，最後客戶不買單，那就非常可惜了。

5. 當場報出預算內的價格

　　客戶滿意設計圖並不代表真正的結果，當客戶確認某個樣式是他要的，接著設計師要趕快和商品部溝通。所謂溝通，就是透過網路系統，將設計圖現場傳給公司商品部，當下要評估這個設計圖的報價。

　　這件事也是「當場」要決定，絕不會說等客戶下次來再說。所以設計師非常重要，他當場畫的圖必須夠精準，讓該設計符合成本，如果估算錯誤，商品部報的價格超過客戶預算，那客戶也無法買單了。

6. 當天就要簽約

　　一旦設計樣式溝通完成，客戶也接受報價了，那麼當天就要簽約，這個案子才能成立。

　　有了以上三個步驟後，一個設計案總算是成立了，接下來，才能進入完整的生產流程。

珠寶設計師如何養成

從以上流程來看，珠寶設計師可能是壓力最大的設計工作者，因為時時要和速度競賽。

一般企業的商品設計，在接到客戶委託後，可能有一、兩周的時間可以構思、設計，一些大型設計或者時裝設計，前置準備的時間更久。

但珠寶設計卻需要在短短一、兩天內做出構想，然後在更短的一、兩小時內，現場畫圖和客戶做出確認。想要成為一位專業的珠寶設計師，要經過怎樣的訓練呢？

以東龍珠珠寶來說，整個設計師團隊包含不同專長的設計師群，以資歷及實力可以簡單分成三個等級：AAA、AA以及 A 級。基本上，所有新進人員都是 A 級，要經過適當的歷練，才能升級更上一層樓。

等到成為 AAA 級的設計師，才有資格擔任高端設計訂定的窗口。今天如果有一個客戶，他要訂製百萬等級的大型珠飾，公司派出來的設計師代表，一定要具備 AAA 等級。

一個珠寶設計師，實力培養的方法：

一、速度決定一切

在珠寶設計領域，不講究慢工出細活。設計的要求就是又快又好。如果不夠快，就設法讓自己更快。要如何更快呢？靠的就是勤練以及勤學。因此設計師團隊們，每個人下班後的必備功課，就是讀書及上課，透過博覽群籍和上不同的課程，增進自己的創意思維。如此一來，當碰到不同的客戶需求時，就能當場快速做出反應。

至於畫工，那更是基本功，當客戶提出需求後，一拿出紙筆來，三兩下就要畫出讓客戶可以了解的圖形，這是身為珠寶設計師最基本的要求。

二、潮流的敏銳度

在珠寶設計這行，成績決定一切。也就是說，一個設計師可能畫出數十張甚至上百張的作品，但如果一張都沒有被採用，以結果來說就是零，就是沒有績效。設計師可以辯說自己的圖很棒，是客戶沒眼光，但事實就是事實，珠寶設計需要市場才行。

　　要如何改善這種情況呢？以東龍珠珠寶來說，張芳榮先生會嚴格要求設計師團隊隨時關心時事，每個月也會定期和商品部開會，商品部會負責傳達整個國際趨勢，公司經常也會做出指示。

　　例如今年流行自然風、下一季要特別注意嬉皮風或古典風……等等，一個設計師絕不能閉門造車，他要先了解整個環境的趨勢後，將之融入自己的設計作品裡，這樣才是好的設計師。

三、專業的等級

　　速度和敏銳度都需要靠時間的累積，但有一個評量依據，就真的要成績，那就是專業累積的程度，而具體的評斷標準就是證照。在珠寶設計的領域有非常多的證照，彼此的分工也很細，一個 GIA 鑑定師不一定懂設計，一個設計師也不一定懂鑑定，每個學門都必須自己找時間精進。

　　在臺灣，有 GIA 珠寶學堂，學的課程包括基本寶石學、有色寶石學，寶石設計學、應用珠寶學……，每一門課程還

可以再細分等級，一個懂得分辨鑽石的人，不一定會分辨紅寶石；懂得初階鑽石分辨的人，也不見得就能每個鑽石都鑑定得出來。這些都是要累積的學問，累積越多，設計時就能越切入客戶需求。

除此之外，做為基本的珠寶設計師要求，每個設計師都要會計算成本。以前面設計師和客戶面對面為例，當客戶提出十萬元需求的預算，那設計師的腦海中要能快速浮現下列幾個數字：

1. 不同寶石的規格以及相關價位。
2. 公司現有的寶石庫存以及相關價位。
3. 貴金屬的製作成本。

一個專業設計師可以做到在腦中迅速出現不同的排列組合，例如以十萬元預算來說，可能可以有下列組合：

1. 幾分的 C 級鑽石加上純金。
2. 幾分的 B 級紅寶加上鉑金。
3. 多少的碎鑽，加上更高檔的金屬設計。

　　這些組合在設計時都要考量進來，特別是當客戶預算很少的時候，更要算得仔細。有時候，客戶自己準備了裸石，那麼設計的考量則是如何搭配這個裸石做整體的應用。

　　基本上，貴金屬的部分一定要能搭配這顆裸石，如何搭配，不可能有太多時間讓你再去測量分析，要能做到當場就判斷，然後立刻畫出草圖，這樣才是及格的設計師。

　　此外。設計不一定都是珠寶設計，好比有些男性喜歡純金屬設計，並不要鑲嵌珠寶，這時設計師要做的就是純金屬樣式設計。

　　也有的時候採用的材質不完全是珠寶。基本上，公司本身設計商品的時候，一定會使用珠寶。但如果是客製化，為了服務客戶，是可以搭配客戶需求的。

　　好比說客戶要設計金項鍊，但可能因為預算有限，要求配以施華洛世奇的寶石，那麼公司也必須配合。其他材質包括玉、瑪瑙、珊瑚等，只要是客戶訂製，就要全面配合。

　　有時也會遇到特殊的情況，例如設計的款式在實務上才發現有執行上的困難。一般來說，設計圖會讓商品部看過才

估價。但有時候要到了師傅那端，才發現某個設計圖稿無法執行，必須要修改圖，不然就得耗費龐大的成本。

　　這個時候，設計師就要設法和客戶傳達修改的理由，要能做到讓客戶滿意，把事情好好善後，這樣才是一個成功的設計師。

附錄：認識東龍珠珠寶

　　一件事情的成就，看的是未來遠景；一個成功的範例，取決於企業的前瞻性。東龍珠珠寶集團在地深耕二十年，專業代工、產品分析、國際貿易經年累月不斷創新與進步，造就了現在的格局。

　　未來百年企業的目標將在實踐計畫中，一步一步實現，現在我們將投注精力培養莘莘學子，永續時尚精品金工師的技藝，並且精益求精。

 **東龍珠珠寶歷史**

　　東龍珠創立於 1993 年，從少數部門、小規模的公司成長為今日一百多人的公司，並分別駐點於臺灣、香港、中國

大陸。

　　未來計畫將公司擴充至三百人的專業精品珠寶設計中心，是一間具有專業設計部門、精緻工藝加工中心、世界行銷計畫，還有全方位客戶服務且具規模的公司。客戶的成功一向是東龍珠的座右銘，共同攜手合作，引領新時尚的珠寶精品。

　　藉由珠寶設計開發經驗來幫助我們共同成長，成為世界級精品珠寶公司及品牌，其周到的服務已超過所有人的期待，為此我們感到榮幸。

　　從設計開發、原物料精選、採購、卓越的工藝、嚴格的品管、完整的行銷計畫，我們的精品品質一定會超越市場標準，追求完美是我們的堅持！

🔘 東龍珠珠寶業務

　　東龍珠擁有 20 多年珠寶開發設計經驗，業務部人員針對不同珠寶精品進行市場調查及行銷推廣，客源分布於美國、加拿大、中南美洲、歐洲、俄羅斯、印度、杜拜、澳洲、

日本、中東……等 28 個國家。

從珠寶精品設計、產品定位與價位、市場文化理解及精品專業評估，總能迎合到每個小細節，期許經營一個穩定成長的珠寶市場，是我們最終努力的目標。

擁有完整 OEM 與 ODM 代工服務及市場銷售是我們的專業優勢，不論是 OEM 或是 ODM，都能提供完整的服務。

我們設計且生產純金，白 K 金、玫瑰金、黃 K 金以及三色 K 金珠寶，堅持使用頂級的品質，鑽石等級皆在 GH/VS 以上，並且只用 AAA 等級的天然寶石。

我們有來自世界各地配合的設計師，並且擁有超過 10000 個設計款式，並貼近您的需要。

金藝求精，璀璨今生 見證臺灣珠寶史及東龍珠創業傳奇

作　　　者／張芳榮
美 術 編 輯／孤獨船長工作室
責 任 編 輯／許典春
企 畫 選 書 人／賈俊國

總　編　輯／賈俊國
副 總 編 輯／蘇士尹
編　　　輯／高懿萩
行 銷 企 畫／張莉榮・廖可筠・蕭羽猜

發　行　人／何飛鵬
出　　　版／布克文化出版事業部
　　　　　　臺北市中山區民生東路二段 141 號 8 樓
　　　　　　電話：(02)2500-7008 傳真：(02)2502-7676
　　　　　　Email：sbooker.service@cite.com.tw
發　　　行／英屬蓋曼群島商家庭傳媒股份有限公司城邦分公司
　　　　　　臺北市中山區民生東路二段 141 號 2 樓
　　　　　　書虫客服服務專線：(02)2500-7718；2500-7719
　　　　　　24 小時傳真專線：(02)2500-1990；2500-1991
　　　　　　劃撥帳號：19863813；戶名：書虫股份有限公司
　　　　　　讀者服務信箱：service@readingclub.com.tw
香港發行所／城邦（香港）出版集團有限公司
　　　　　　香港灣仔駱克道 193 號東超商業中心 1 樓
　　　　　　電話：+852-2508-6231 傳真：+852-2578-9337
　　　　　　Email：hkcite@biznetvigator.com
馬新發行所／城邦（馬新）出版集團 Cité (M) Sdn. Bhd.
　　　　　　41, Jalan Radin Anum, Bandar Baru Sri Petaling,
　　　　　　57000 Kuala Lumpur, Malaysia
　　　　　　電話：+603-9057-8822 傳真：+603-9057-6622
　　　　　　Email：cite@cite.com.my
印　　　刷／卡樂彩色製版印刷有限公司
初　　　版／2017 年（民 106）11 月
售　　　價／300 元
Ｉ Ｓ Ｂ Ｎ／978-986-95516-4-9

城邦讀書花園　布克文化
www.cite.com.tw　WWW.SBOOKER.COM.TW